きらめき算数脳　入学準備〜小学1年生　かず・りょう

はじめに

　サピックス小学部では、長年の中学受験指導の経験を活かして、低・中学年のお子様向けの通信教育「ピグマキッズくらぶ」を開講しています。テキストには、ルールに従って考え、試行錯誤しながら答えを出していくパズルのような問題が並んでいます。

　このような問題を解く楽しさをより多くの方々に知ってもらうため、２００９年から２０１０年にかけて刊行されたのが『きらめき算数脳』シリーズで、「小学１・２年生」「小学２・３年生」「小学３・４年生」「小学４・５年生」の４冊があります。高学年での学習内容の先取りをするのではなく、低・中学年のうちに、将来の本物の学力の根幹となる「思考力」や「問題解決能力」を身につけることをねらいとしたものです。

　幼児期についても、小学校での学習内容の先取りをすることよりも、入学後の学習にスムーズに入っていけるよう、準備をしておくことの方が大切です。そこでサピックスでは、４０年以上にわたって幼児教育に携わってきた久野泰可氏が代表を務める『幼児教室こぐま会』のご協力をいただき、２０１４年、小学校での学習の準備としての「教科前基礎教育」を行う未就学児対象の幼児教室『サピックスキッズ』を開校しました。

　数量や図形・位置の感覚は、本来、生活の中で身につくものです。そのため、サピックスキッズでは、実際に手を動かして、おはじきや積み木などを操作しながら学習することを大切にしています。学んだことと身のまわりのものごとを結びつけ、入学後の学習の土台をつくるためです。

　本書は、『きらめき算数脳』シリーズに新たに加わった未就学児から小学１年生までを対象とした問題集です。色を塗ったり、シールを貼ったりと手を動かしながら考える、楽しいパズル問題を多数収録しています。問題を考えて解く楽しさや、解けたときの達成感を、ぜひ紙上で体験してみてください。

サピックス小学部

幼児教室こぐま会　推薦のことば
幼児教育実践研究所代表　久野泰可

　「考えるって楽しい」…子どもたちが言ってくれる言葉の中で、最もうれしいのがこの言葉です。本来、考える行為は楽しいものです。そして、算数・数学は考えることで楽しさを感じていく教科ですが、残念なことに、中学生になると数学を嫌いだと答える生徒は３人に２人の割合だといわれています。この理由は、算数・数学を、公式を暗記するもの、実体験を伴わない機械的な作業の科目ととらえてしまっているからではないでしょうか。とくに、就学前児童・小学校低学年のうちから、とにかく暗記する、「なぜそうなるのか」と自分で考えない習慣をつけてしまうような学習を繰り返していくと、いつしか、算数が楽しくなくなってしまうと思います。こうなってしまっては日本の就学前児童・小学校低学年の教育が危ないのではないでしょうか。私は大きな危機感を覚えています。40年以上にわたって『幼児教室こぐま会』で子どもたちに指導してきましたが、具体的な教具を用いた「事物教育」と、対話によって理解を促す「対話教育」をすることで、生徒たちが自分の力で考え、自分の言葉で表現する力をつけさせることを大切にしてきました。2014年にサピックスと協力して開校した幼児教室『サピックスキッズ』も理念を共有した幼児教室です。

　本書は、算数の知識事項を暗記させるために作成された問題集ではありません。考える力を養成するための良質なパズル問題が多数収録されています。簡単に解くことができない問題もあるかと思いますが、じっくり時間をかけて取り組んでみてほしいと思います。子どもたちの考える力をさらに一段階上のものへと引き上げる良い体験になります。ぜひ、本書で考えることの楽しさを存分に味わってください。自信を持って本書を推薦します。

この ほんの つかいかた

ピグマキッズくらぶの なかまたち

- みんなで かずの ゲームを するよ。
- ぼくたちと いっしょに べんきょうしようね！

ひかるくん / えりちゃん / メイ / げんちゃん / ロイ / さやかちゃん

が おおいほど むずかしいよ！

べんきょうした ひを かこう！

おわったら きらめきシールを はろう！

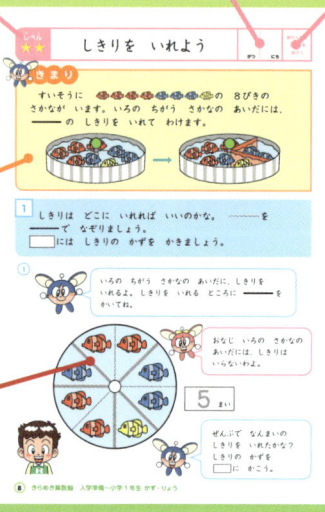
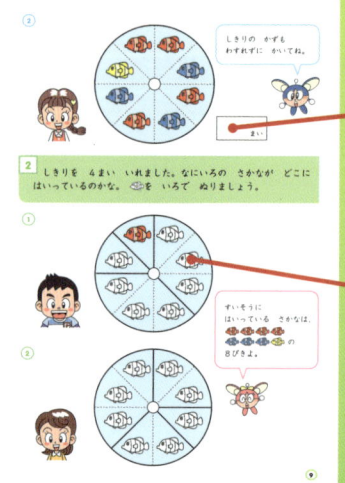

きまりを よく よんで、もんだいに ちょうせんしよう！

なぞろう！

こたえを かこう！

いろを ぬろう！

 おわったら、おうちの ひとに こたえあわせを してもらってね！

 シールを はって こたえる もんだいも あるよ！

もくじ

べんきょうを する ひを さきに きめて □に かこう。
★が おおいほど むずかしいよ。はじめは ★が 1つの もんだいから やって みよう！

★★	1れつに ならべよう	4
★	わくを おこう	6
★★	しきりを いれよう	8
★	すうじ めいろ	10
★★	カードを あつめよう	12
★★	あか・あお・きの かさ	14
★	キャンデーを わけよう	16
★	いちごつみ めいろ	18
★	あなを うめて すすもう	20
★	なつやすみの けいかく	22
★★	きんぎょすくい たいかい	24
★★	くしざし パズル	26
★	かずあわせ ゲーム	28
★	くだもの あわせ	30
★★★	なげなわ ゲーム	32

★★	くりひろい めいろ	34
★★	たまいれ ゲーム	36
★★	なんこ たべた？	38
★	あわせて 5！	40
★★	りんごを いれよう	42
★★★	むかいあわせ パズル	44
★★	おしょうがつ すごろく	46
★★	へいたい ならべ！	48
★	ゆきだるま めいろ	50
★★	おに たいじ	52
★★★	きらきら おほしさま	54
★★	おおきさ くらべ	56
★★★	はちのす めいろ	58
★	グルグル まわれ	60
★★	かずいれ パズル	62

レベル ★★ 1れつに ならべよう

きまり

ひかるくんたちは はなを 1れつに ならべています。
どの れつを みても、おなじ いろの はなが ならばないように します。

1 🌷・🌷・🌷の 3つの いろの はなを ならべます。🌱を いろで ぬりましょう。

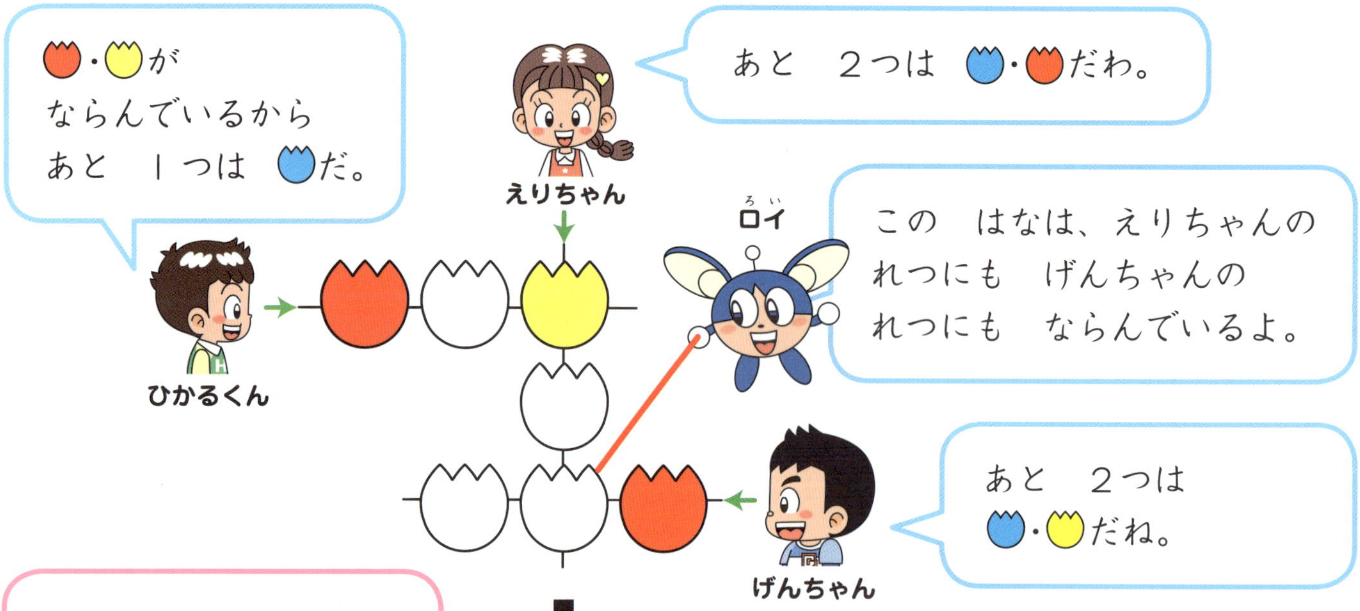

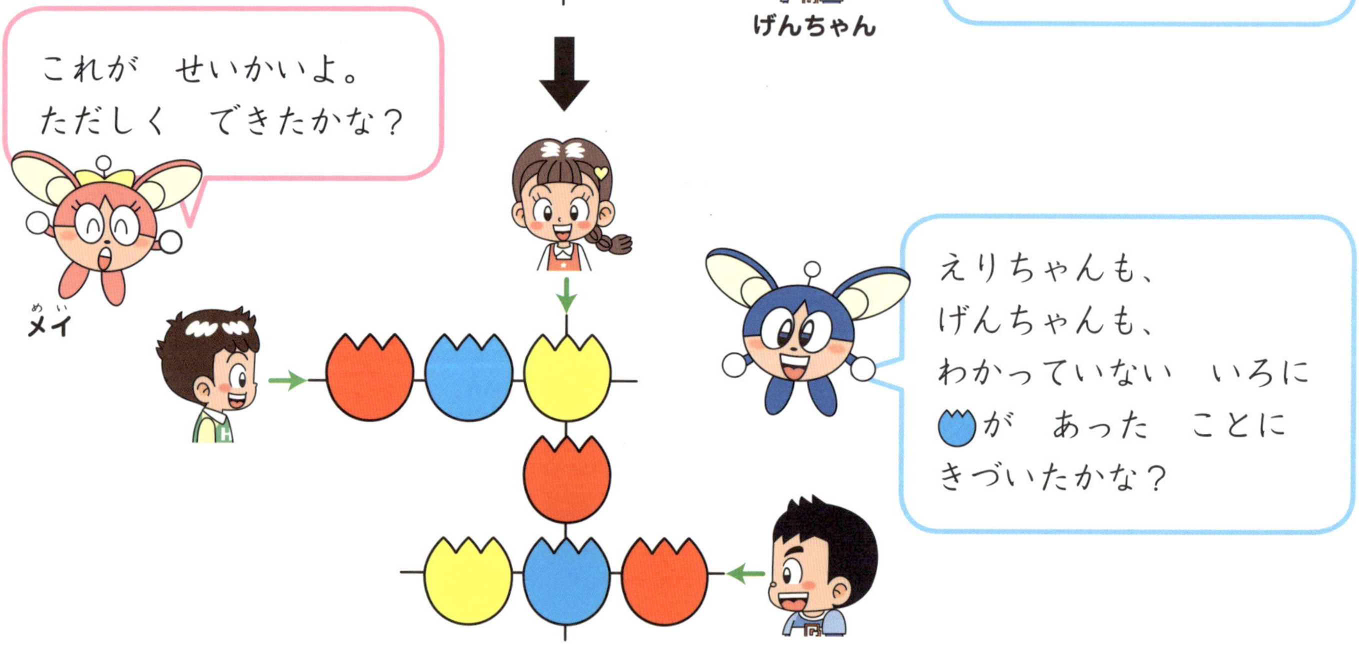

ひかるくん:「🌷・🌷が ならんでいるから あと 1つは 🌷だ。」

えりちゃん:「あと 2つは 🌷・🌷だわ。」

ロイ:「この はなは、えりちゃんの れつにも げんちゃんの れつにも ならんでいるよ。」

げんちゃん:「あと 2つは 🌷・🌷だね。」

メイ:「これが せいかいよ。ただしく できたかな?」

「えりちゃんも、げんちゃんも、わかっていない いろに 🌷が あった ことに きづいたかな?」

2 🌷・🌷・🌷の 3つの いろの はなを ならべます。🌷を いろで ぬりましょう。

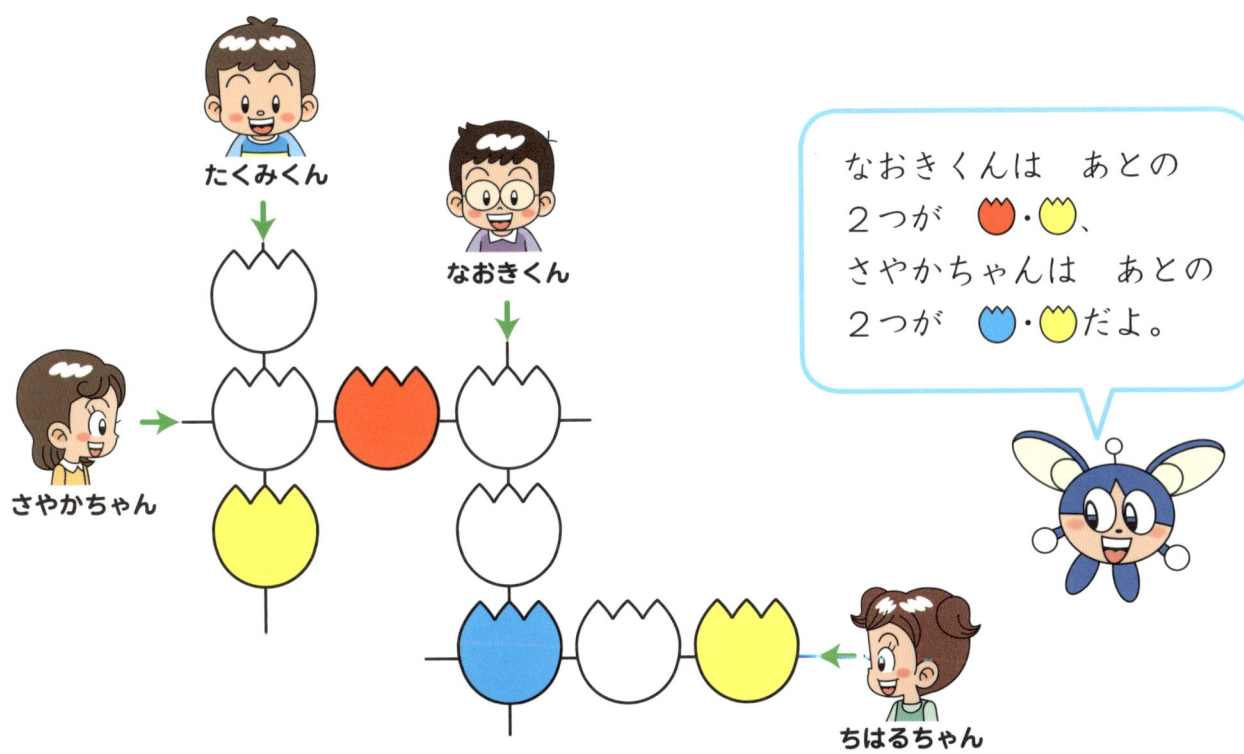

なおきくんは あとの 2つが 🌷・🌷、
さやかちゃんは あとの 2つが 🌷・🌷だよ。

3 🌷・🌷・🌷・🌷の 4つの いろの はなを ならべます。🌷を いろで ぬりましょう。

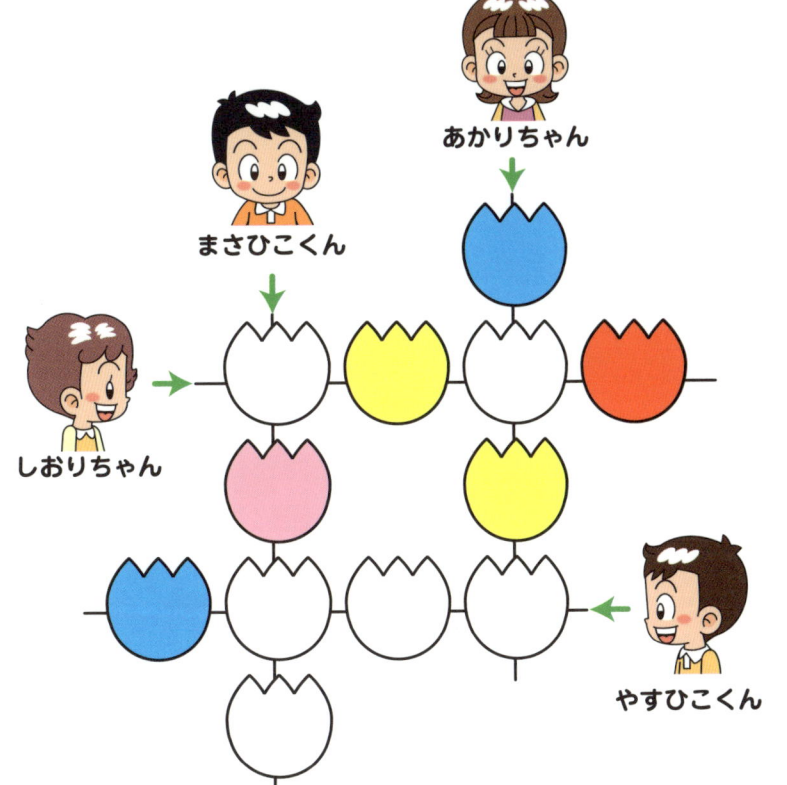

あかりちゃんは あとの 2つが 🌷・🌷、
しおりちゃんは あとの 2つが 🌷・🌷よ。

レベル ★ わくを おこう

きまり

「おかしとり ゲーム」を して います。
わく □ を じょうずに おくと、
わくの なかに はいった
かずの おかしが もらえます。

1 みんなは わく □ を どこに おいたのかな。わくを
──── で かきましょう。

①

ひかるくん
ぼくは チョコを
10こ もらえたよ。

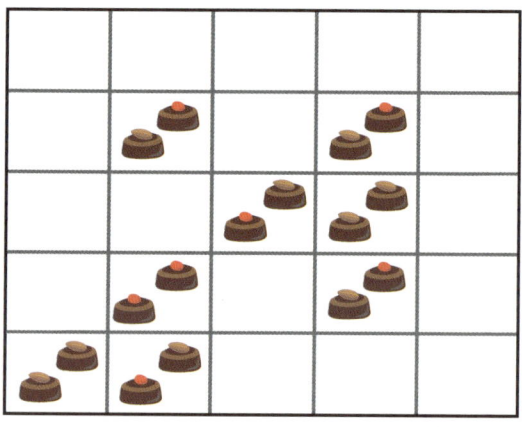

ひかるくんは
どこに この わくを
おいたのかな。

みんな わかったかな。
すこしずつ ずらして
かんがえよう。

②

わたしは
クッキーを 4まい
もらえたわ。

えりちゃん

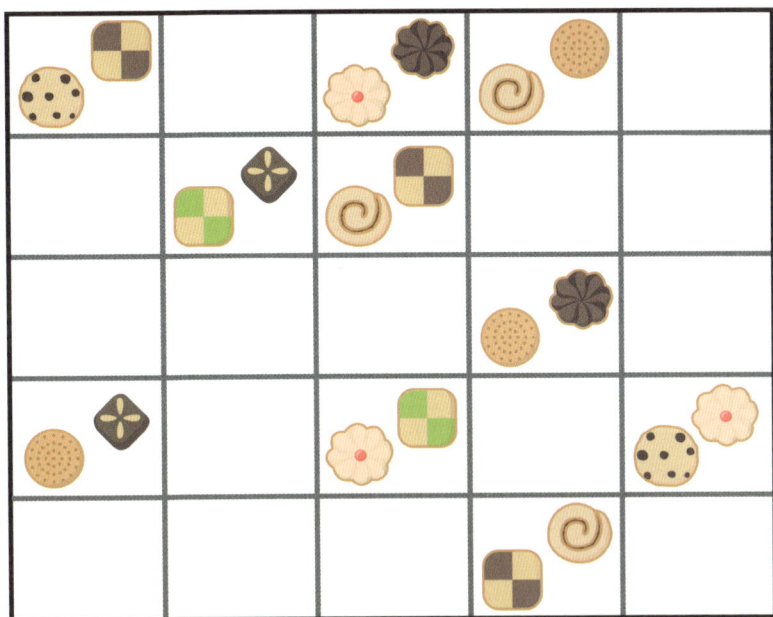

③

わたしは
せんべいを 3まい
もらえたわ。

さやかちゃん

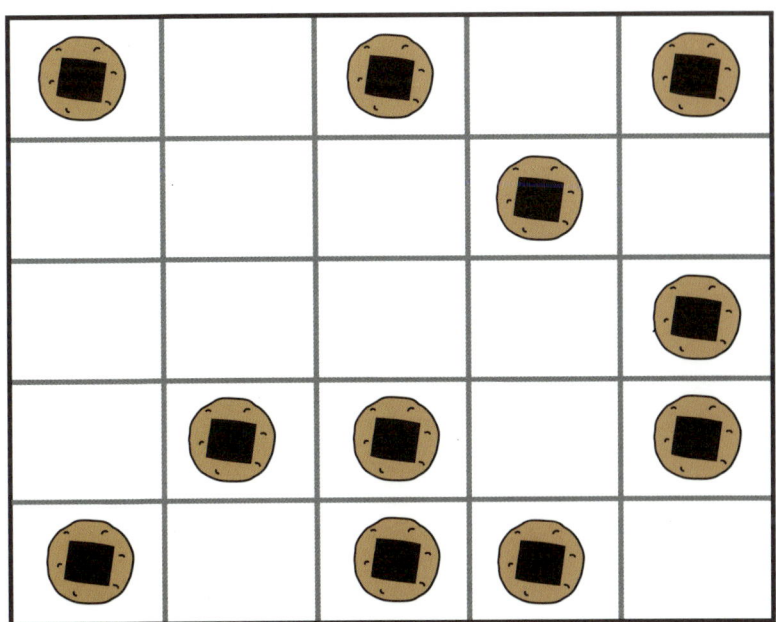

④

ぼくは
あめを 10こ
もらえたよ。

げんちゃん

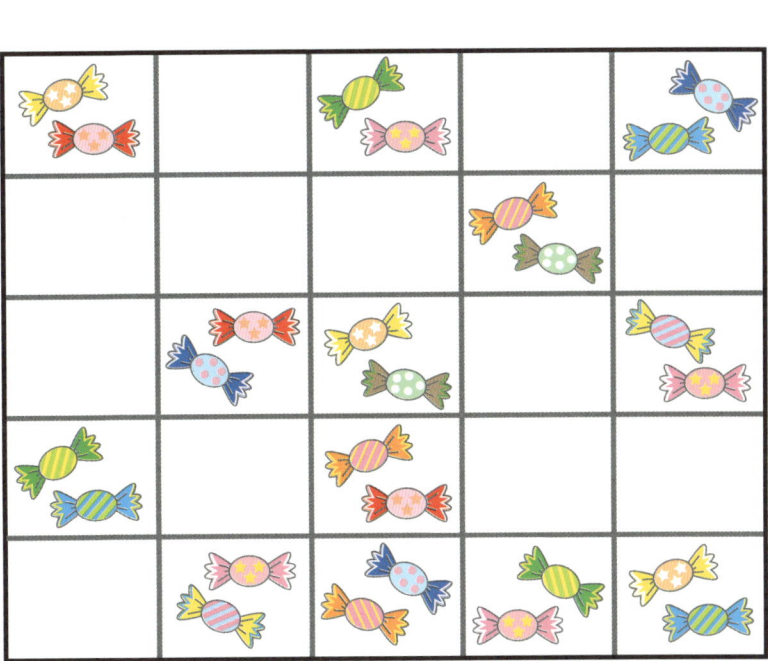

レベル ★★ しきりを いれよう

きまり

すいそうに 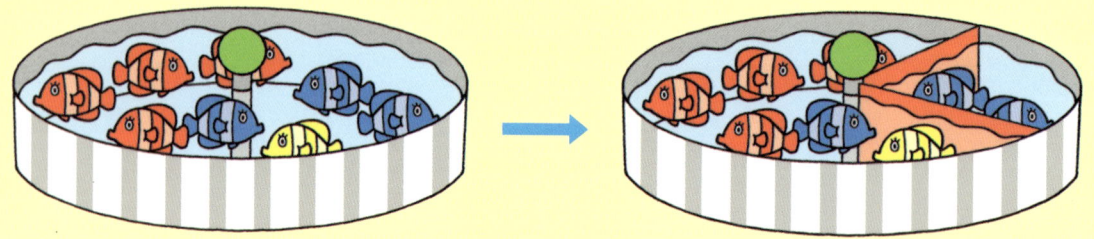の 8ぴきの さかなが います。いろの ちがう さかなの あいだには、──の しきりを いれて わけます。

1 しきりは どこに いれれば いいのかな。┄┄┄を ── で なぞりましょう。
□には しきりの かずを かきましょう。

① いろの ちがう さかなの あいだに、しきりを いれるよ。しきりを いれる ところに ── を かいてね。

おなじ いろの さかなの あいだには、しきりは いらないわよ。

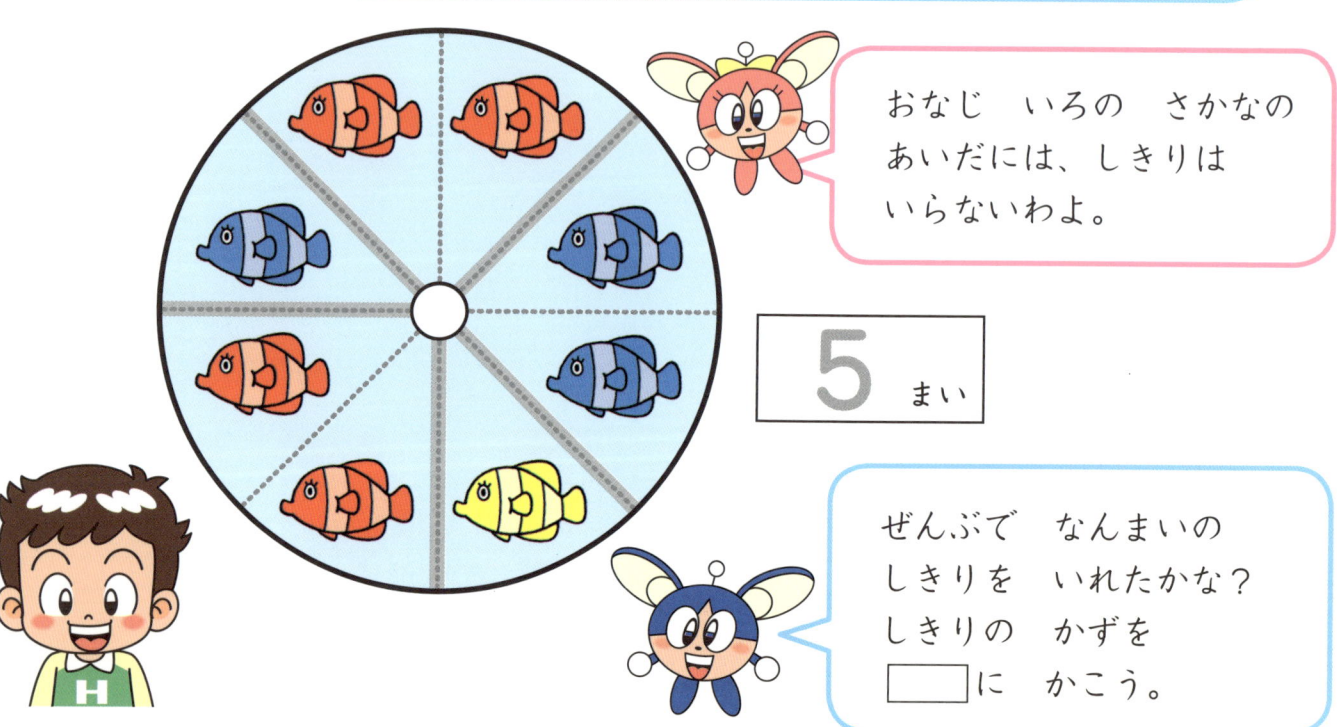

5 まい

ぜんぶで なんまいの しきりを いれたかな？ しきりの かずを □に かこう。

②

□ まい

2 しきりを 4まい いれました。なにいろの さかなが どこに はいっているのかな。🐟を いろで ぬりましょう。

①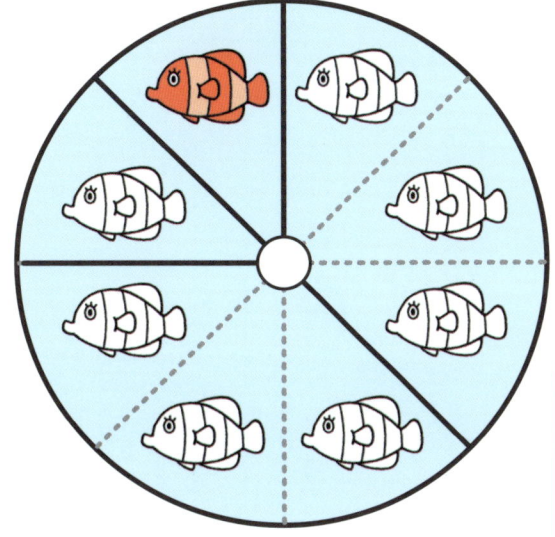

すいそうに はいっている さかなは、🐟🐟🐟🐟🐟🐟🐟🐟の 8ぴきよ.

②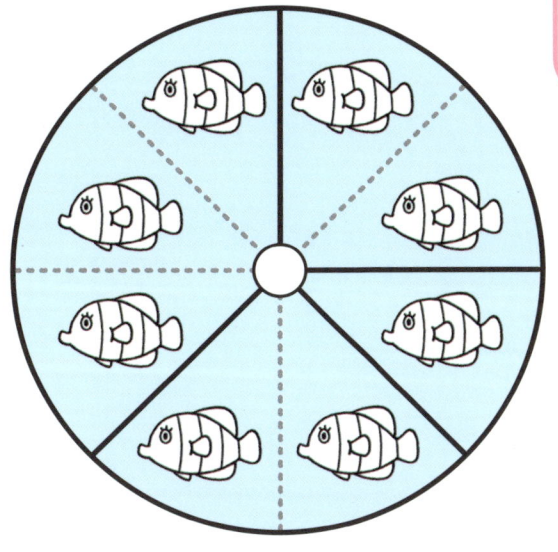

9

すうじ めいろ

きまり

「すうじ めいろ」に ちょうせんです。
1. スタート◆から ゴール☆まで、きめられた じゅんばんどおりに すうじを たどって いきます。
2. とおる すうじを、じゅんに せんで つなぎましょう。

1 ◆から ☆まで 1, 2, 3, …, 8と すすみましょう。すすんだ じゅんばんが わかるように ───を かきましょう。

①

1	2	3	5
2	4	6	7
3	4	5	8

ななめには すすめないわ。

↓

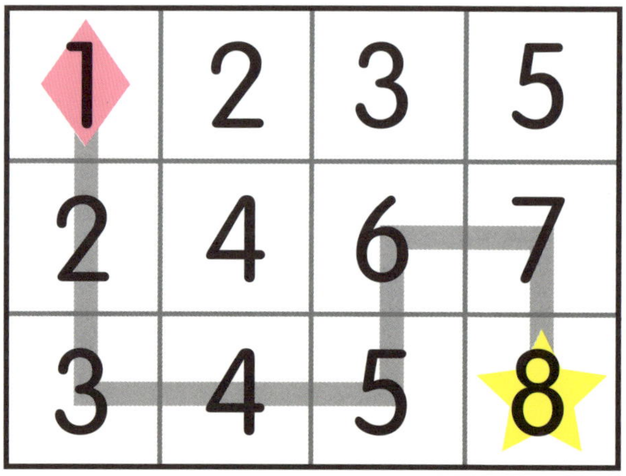

1	2	3	5
2	4	6	7
3	4	5	8

(1→2→3→4→5→6→7→8の順に線でつながっている)

できたよ！

	2	5	3	4
3	3	4	3	5
4	7	5	6	6
5	6	7	7	8

どちらに
すすめばいいか、
ていねいに
しらべよう。

1	3	4	5	6
2	3	5	6	7
5	4	6	7	6
3	5	6	7	8

2 ◆から ★まで 1, 2, 3, …, 9, 10と すすみましょう。
すすんだ じゅんばんが わかるように ──を
かきましょう。

1	2	3	4	5
2	3	4	3	6
3	6	9	8	7
4	5	6	9	10

じゅんばんどおりに
すすめるか、
しっかり
たしかめてね。

カードを あつめよう

レベル ★★

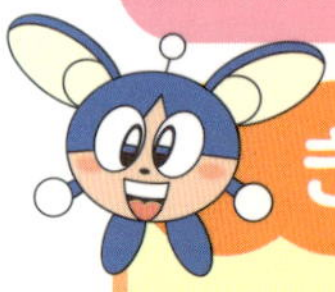

きまり

みんなで ゼッケンを つけて、カードを つかった ゲームを しています。

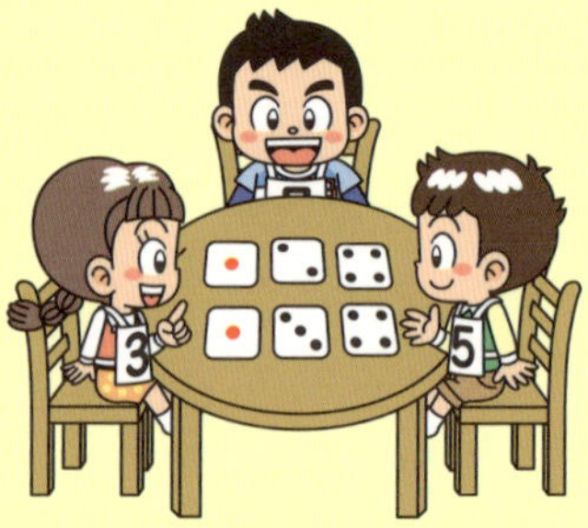

1. テーブルに カードを 6まい ならべます。
2. 3にんで カードを 2まいずつ とります。
3. 2まいの カードに かいてある ●の かずを あわせた かずが、じぶんの ゼッケンの すうじと おなじになると あめを もらう ことが できます。

1

3にんとも あめを もらいました。どの カードを とったのかな。□に あてはまる シールを はりましょう。

① テーブルに ならべた 6まいの カード

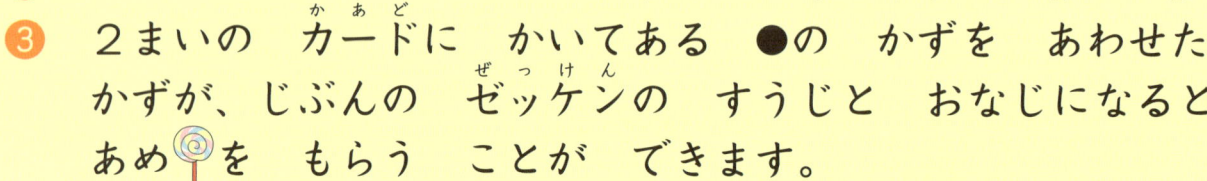

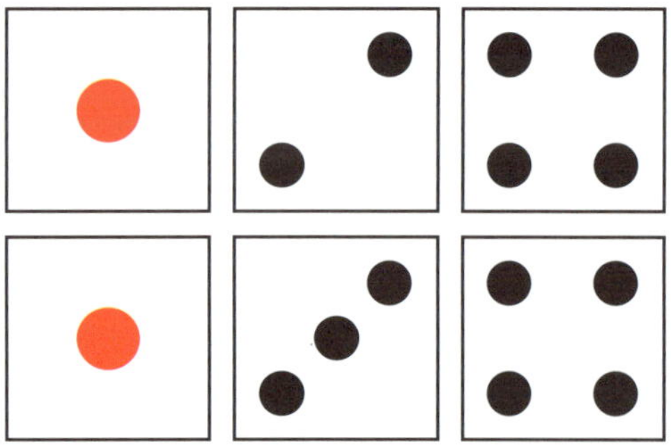

ひかるくんが、の カードを とると、えりちゃんと げんちゃんが あめを もらえなくなるよ。

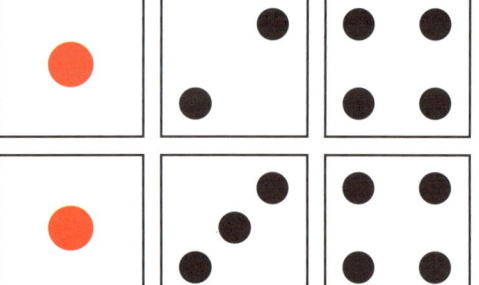
ゼッケンの すうじと おなじだよ。

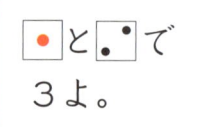 で 3よ。

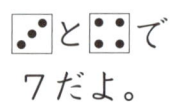 で 7だよ。

 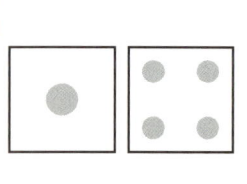
ひかるくん

 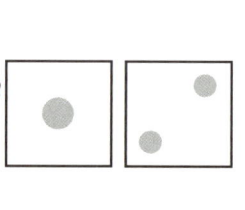
えりちゃん

 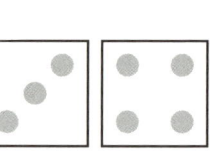
げんちゃん

2

2 ひとりしか あめを もらえませんでした。もらえなかった ふたりが、かずが おおきいほうの カードを とりかえると、3にんとも あめを もらえます。のように、おなじ カードを 2まい とった ひとは いませんでした。さいしょに どの カードを とったのかな。□に シールを はりましょう。

① ひかるくんだけが もらいました。

ひかるくんは 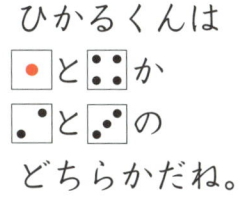とかと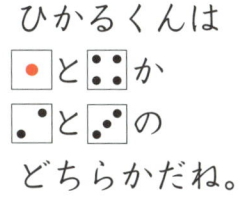の どちらかだね。

ひかるくんが だとすると、えりちゃんも げんちゃんも になるわね。と の カードを とりかえても、あめを もらえないわね。

② えりちゃんだけが もらいました。

 の かさ

きまり

🔴・🔵・🟡の かさが ならんで います。
たて・よこの れつごとに、かさの いろを
しらべて、□の なかに いろの かずを
かきます。

1 かさを つぎのように ならべました。□に あてはまる
すうじを かきましょう。

ぼくの まえには 🔴と
🔵の 2しょくだよ。

2 れつごとに いくつ いろが みえたか、わかっています。
🌂を あてはまる いろで ぬりましょう。

①

かさの いろの かずが 1つだけの れつから かんがえていこう。

②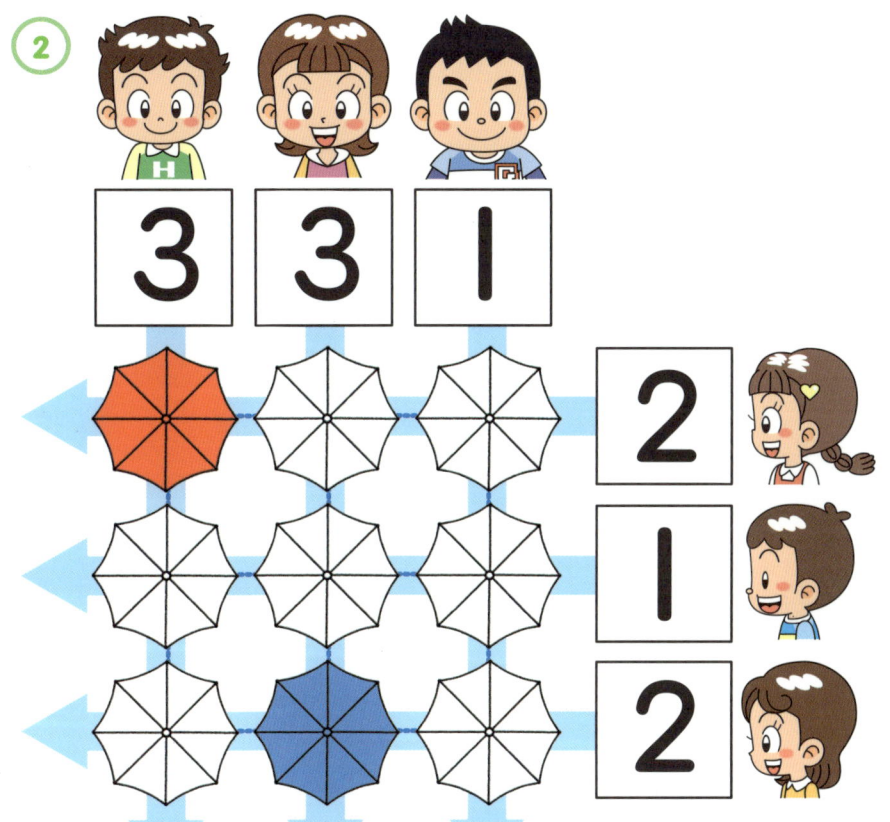

キャンデーを わけよう

きまり

キャンデーを おなじ かずずつ わけます。
1. キャンデーを まるく ならべます。
2. キャンデーは ひとつづきに なるように わけます。

1

🍬 と 🍬 の キャンデーが あります。
ふたりで わけたときに、🍬 と 🍬 の キャンデーが おなじ かずずつに なるように します。
どのように わけたら いいのかな。
ひとりぶんの キャンデーを ──── で かこみましょう。

① 🍬と🍬の キャンデーが 4こずつ あります。

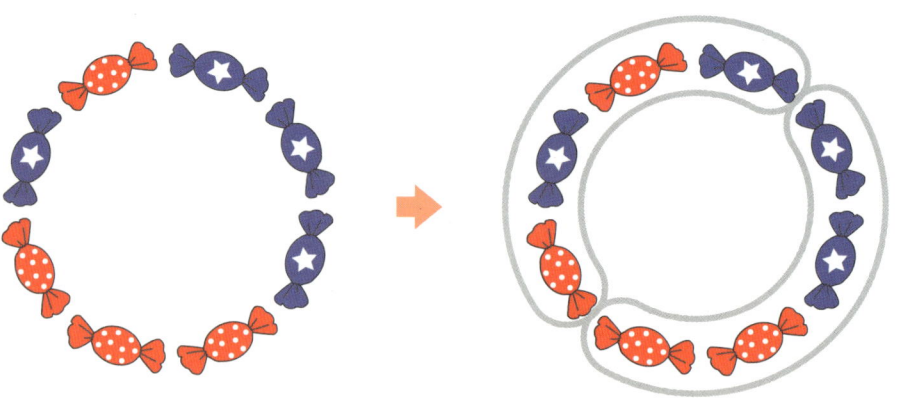

② 🍬と🍬の キャンデーが 6こずつ あります。

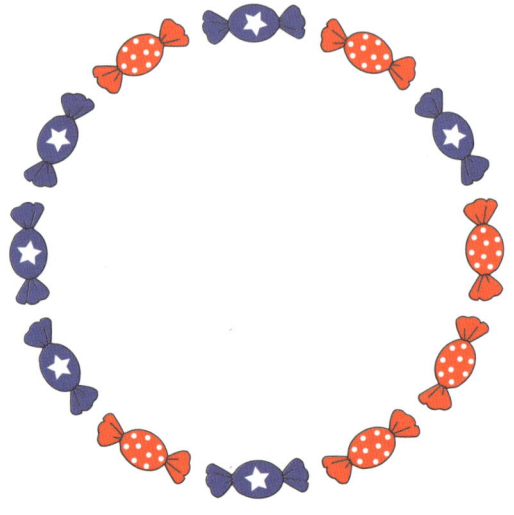

ひとりぶんは
🍬 なんこと
🍬 なんこかしら。

3 🍬と🍬の キャンデーが 8こずつ あります。

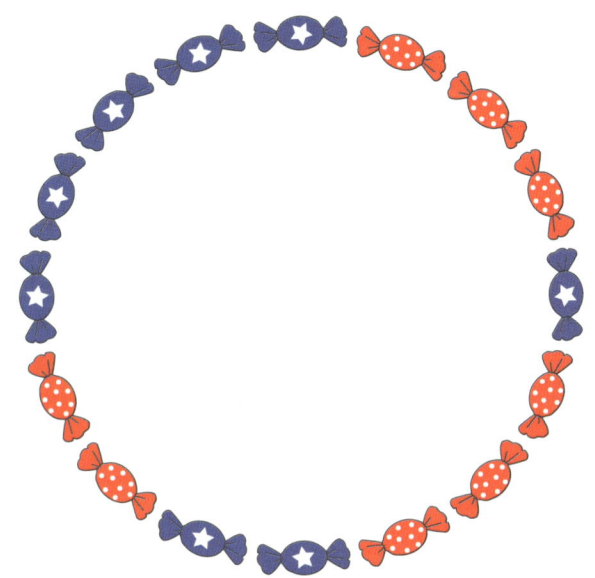

2 🍭🍭🍭の キャンデーが 5ほんずつ あります。
3にんの はなしから、3にんで どのように わけたのか
かんがえて、ひとりぶんの キャンデーを あてはまる
いろの せんで かこみましょう。

ひかるくん

ぼくが もらった
5ほんのうち、🍭が
いちばん おおかったよ。
ぼくのぶんを
──── で かこんでね。

えりちゃん

わたしは もらった
5ほんのうち、🍭が
いちばん おおかったわ。
わたしのぶんを ──── で
かこんでね。

たくみくん

ぼくは もらった
5ほんのうち、🍭が
いちばん おおかったよ。
ぼくのぶんを ──── で
かこんでね。

レベル ★

いちごつみ　めいろ

がつ　にち

おわったら シールを はろう

きまり

「いちごつみ　めいろ」に　やってきました。

1. スタートから　ゴールまで、おなじ みちを　とおらないように　すすみます。
2. いちごが　あったら　かならず　いちごを つみます。
3. ゴールまでに　きめられた　かずの　いちごを　つみます。

1　どの　みちを　すすむと、いちごを　４こ　つむことが できますか。――――を　かきましょう。

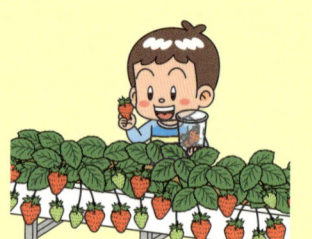

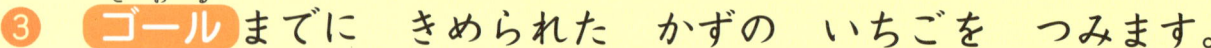

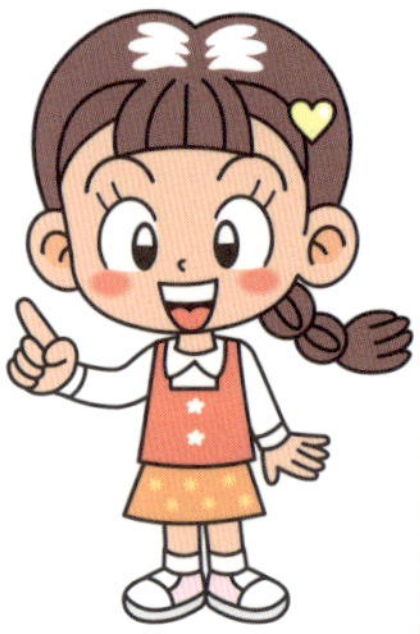

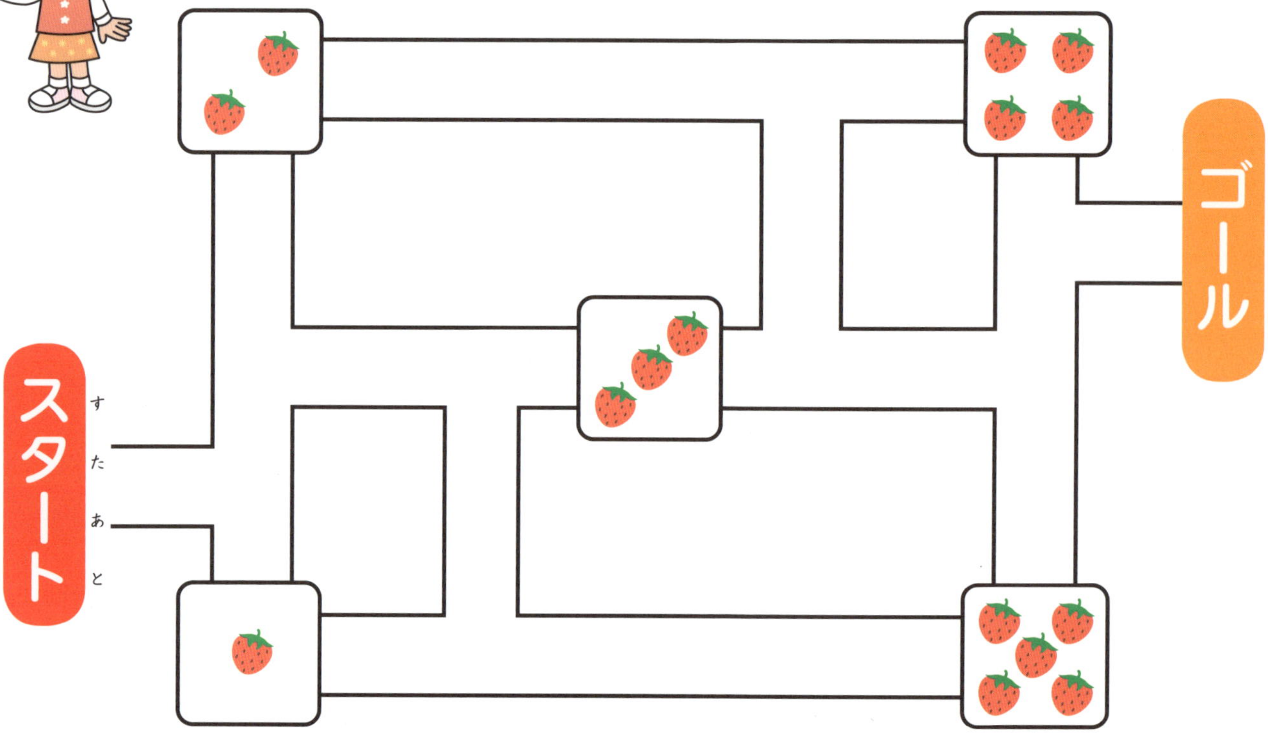

2 どの みちを すすむと、いちごを 9こ つむことが できますか。――を かきましょう。

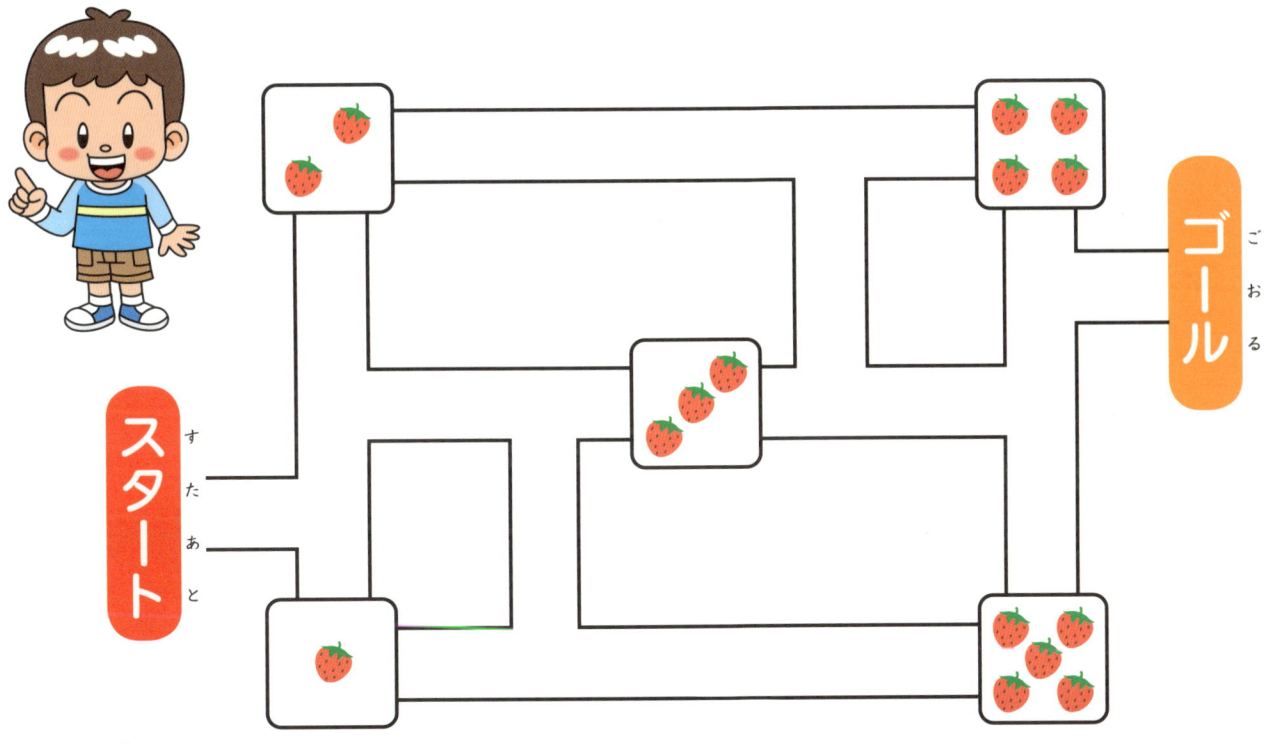

3 どの みちを すすむと、いちごを 8こ つむことが できますか。――を かきましょう。

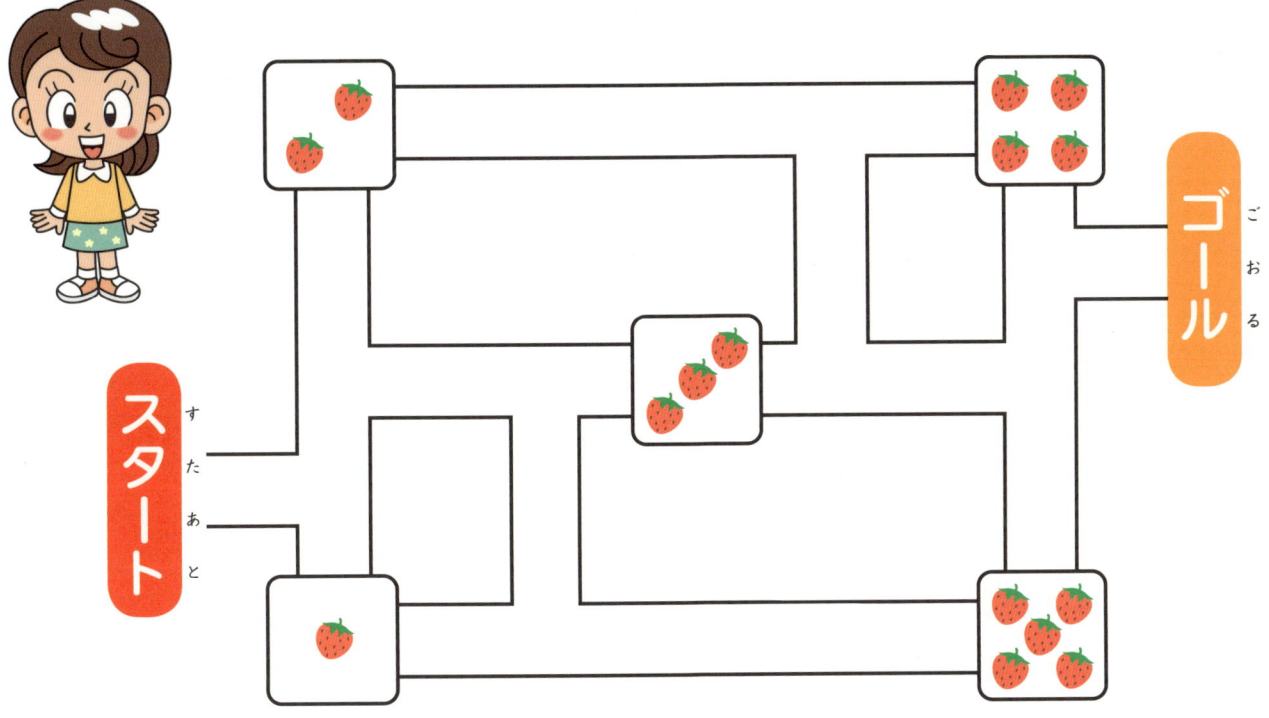

レベル★

あなを　うめて　すすもう

がつ　にち

おわったら シールを はろう

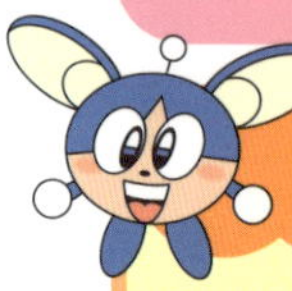

きまり

あなうめ　ロボットが　ブロックを　はこびます。

① ロボットは　ブロックを　１つずつ　もって すすみます。

② みちには　３つ　あなが　あいています。ロボットは　その　あなに　ブロックを １かいに　１つずつ　いれます。

③ ロボットは　あなに　ブロックを　いれると、もどって　つぎの　ブロックを　もって すすみます。

④ １つめの　あなを　うめたら、２つめを　うめます。２つめの　つぎは ３つめを　うめます。

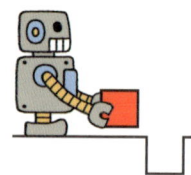

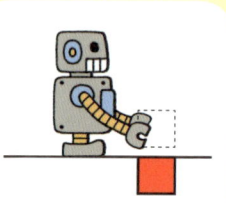

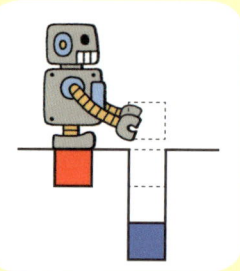

1　はこぶ　ブロックの　じゅんばんが　わかっています。
ブロックは　あなに　どのように　はいったかな。
□に　いろを　ぬりましょう。

①

すべての　あなが　うまったら、ロボットは　さきに　すすめるのよ。

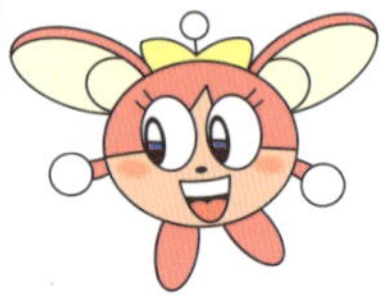

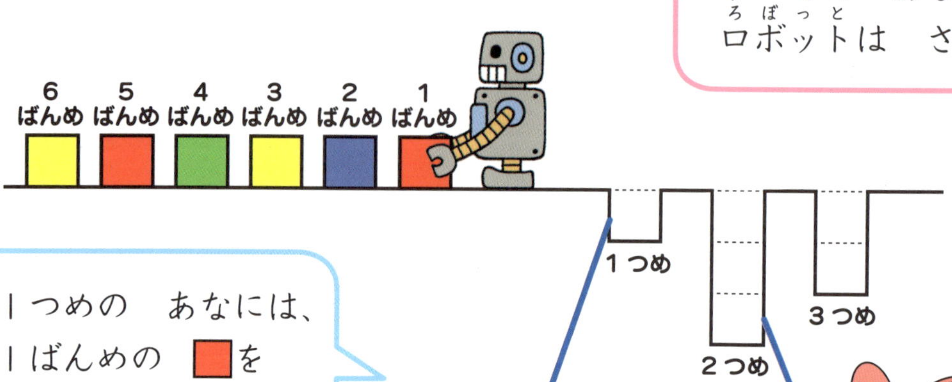

１つめの　あなには、１ばんめの　■を いれるよ。

２つめの あなの　１ばん したには ２ばんめの ■が　はいるよ。

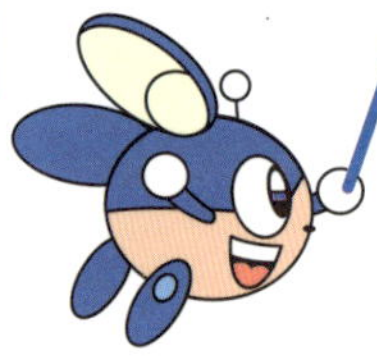

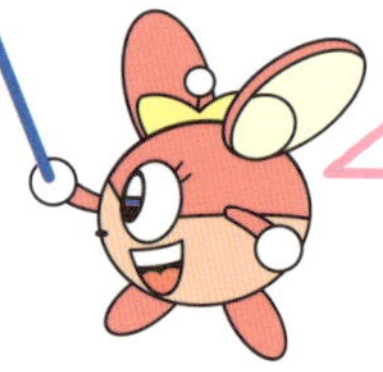

②

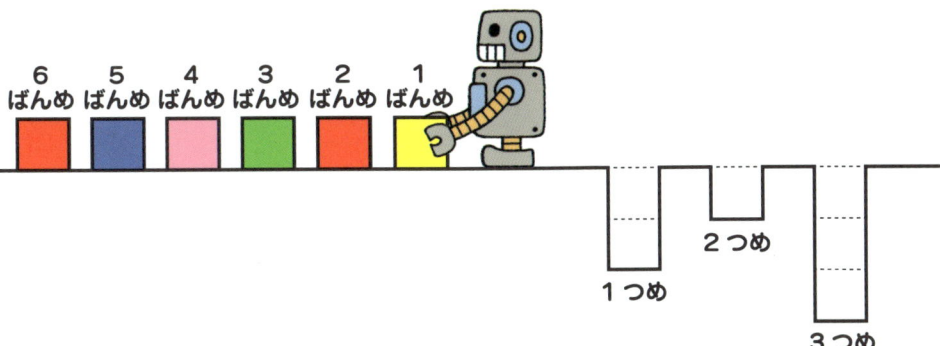

ロボットが1ばんめにいれたのは、1つめのあなのいちばんしたのブロックだよ。

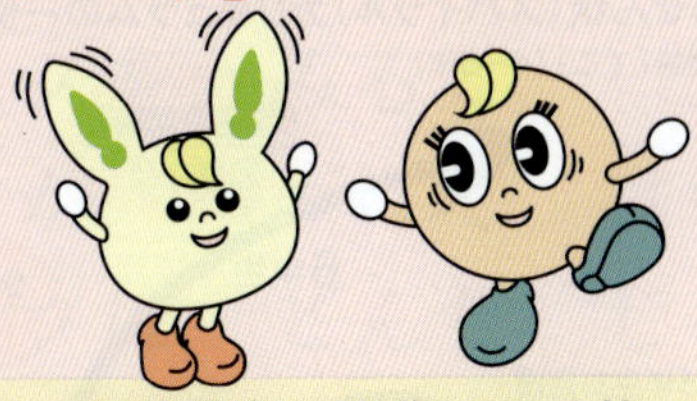

つかいました。あなにもことはばんでう。

いろを ぬってね。

レベル ★

なつやすみの　けいかく

がつ　にち

おわったら シールを はろう

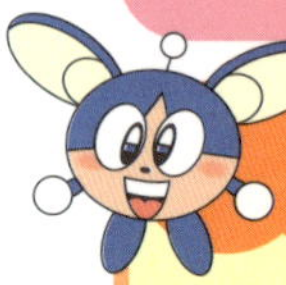

きまり

なつやすみの　けいかくを、グループに　なって　きめます。

① じぶんの　いきたい　ところや　したい　ことに、 と の シールを　１まいずつ　はります。

② 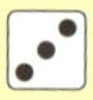は　１まい　３てん、 は　１まい　１てんです。

③ てんすうが　いちばん　おおい　ものに　きめます。

1 なつの　イベントを　きめましょう。□に　あてはまる てんすうを　かきましょう。□に　きまった　なつの イベントの　シールを　はりましょう。

こうさく きょうしつ

5 てん

ラジコン きょうそう

□ てん

むしとり たいかい

□ てん

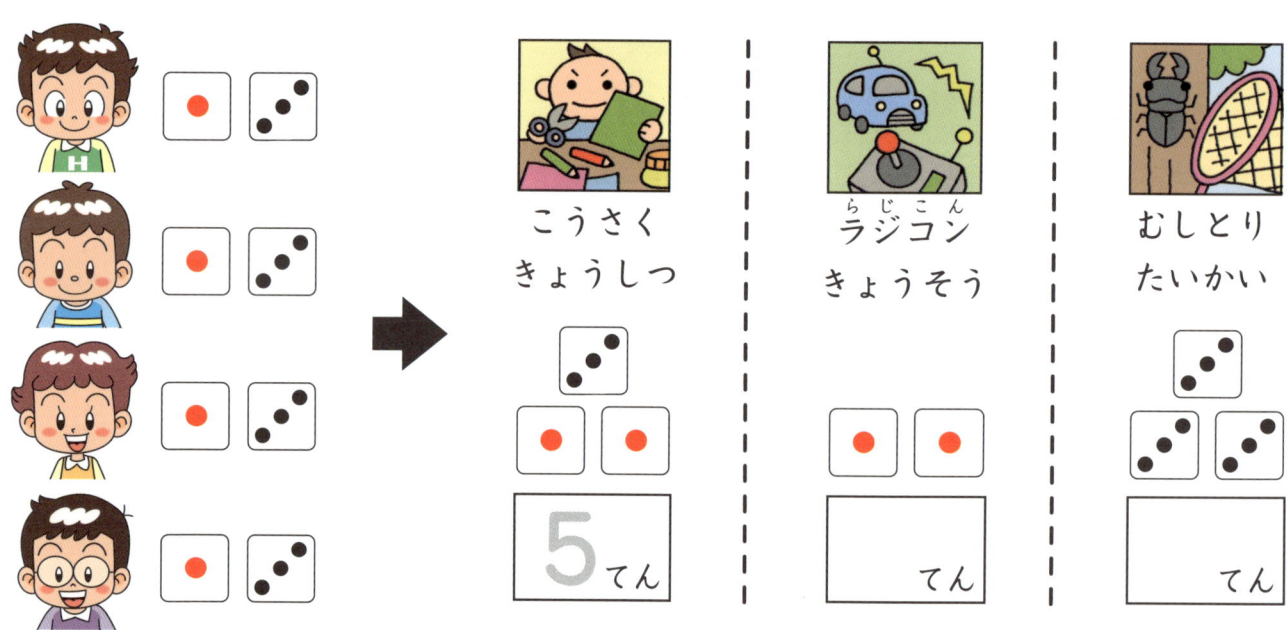

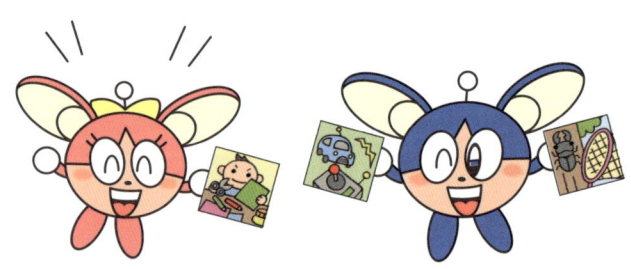

みんなで　［シールを はろう］　を　やった。

2

でかける ばしょを きめましょう。□には ● と ⋮ の シールを はりましょう。□に あてはまる てんすうを かきましょう。□には シールを はってね。

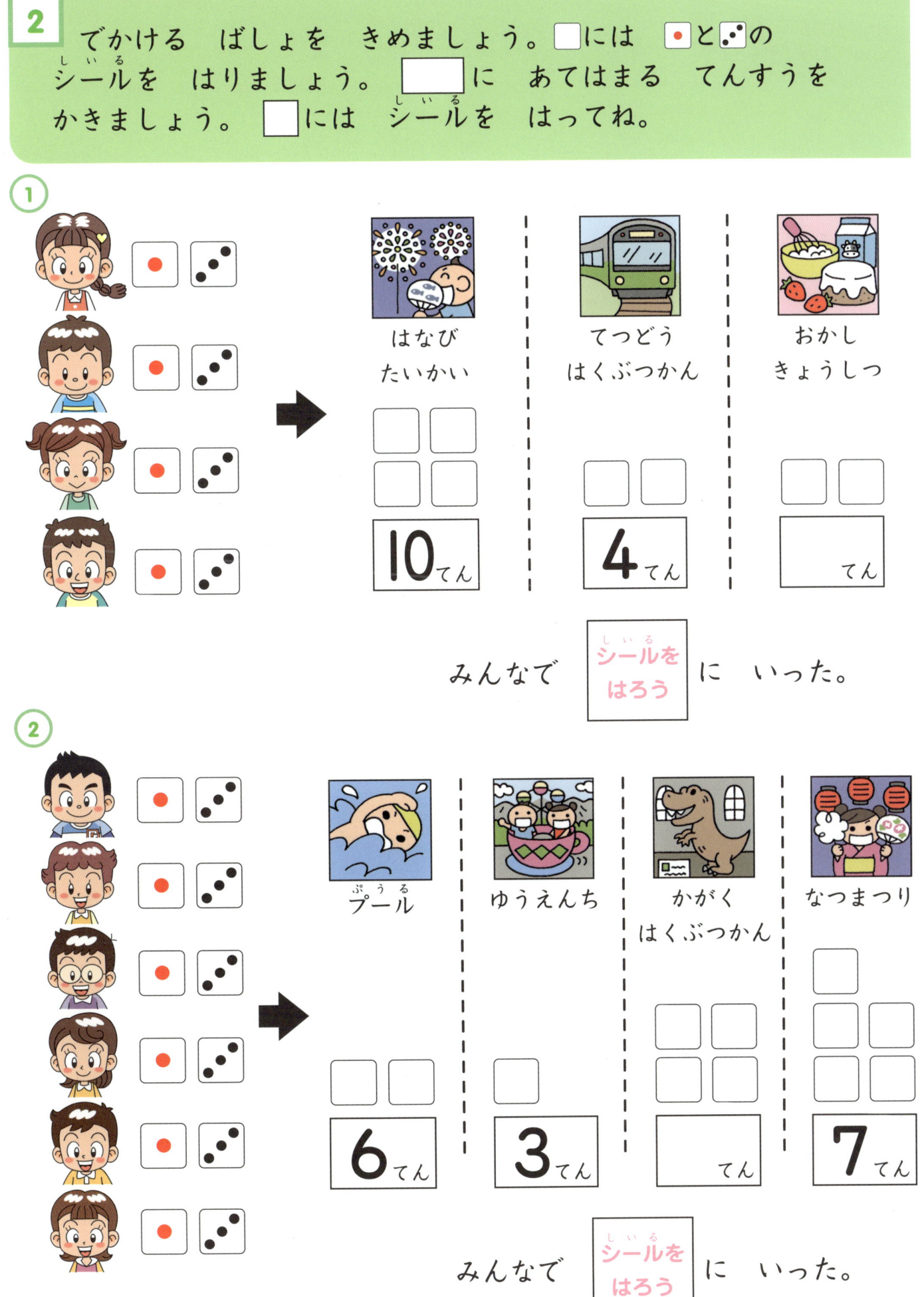

きんぎょすくい たいかい

レベル ★★

きまり

1つの すいそうの なかの きんぎょを 3にんで ぜんぶ すくいます。たくさん すくった ひとから じゅんに 1い、2い、3い、…と じゅんいを きめます。

1 3にんの うち、ふたりが すくった きんぎょの かずが わかっています。□に すくった かずを かきましょう。〇に じゅんいを かきましょう。

① きんぎょは 10ぴき

ひかるくんと えりちゃんの とった きんぎょを ╱で けしてみたよ。のこりは 6ぴきだね。

ひかるくん　3 びきで、② い
えりちゃん　1 びきで、③ い
げんちゃん　6 びきで、① い

② きんぎょは 12ひき

さやかちゃん　3 びきで、〇 い
しおりちゃん　5 びきで、〇 い
なおきくん　□ びきで、〇 い

さやかちゃんと しおりちゃんの とった きんぎょを ╱で けしてね。のこりは なんびきかしら。

24　きらめき算数脳 入学準備〜小学1年生 かず・りょう

2

3にんとも　すくった　きんぎょの　かずが
ちがっていました。3にんの　じゅんいを　みて、□に
すくった　きんぎょの　かずを　かきましょう。

① きんぎょは　7ひき

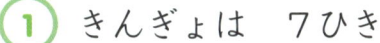

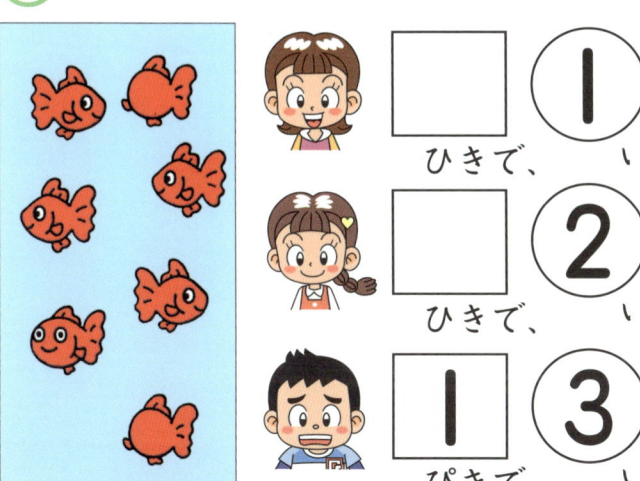

□ひきで、 1い

□ひきで、 2い

1 ぴきで、 3い

② きんぎょは　10ぴき

□ひきで、 1い

□ひきで、 2い

2 ひきで、 3い

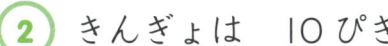

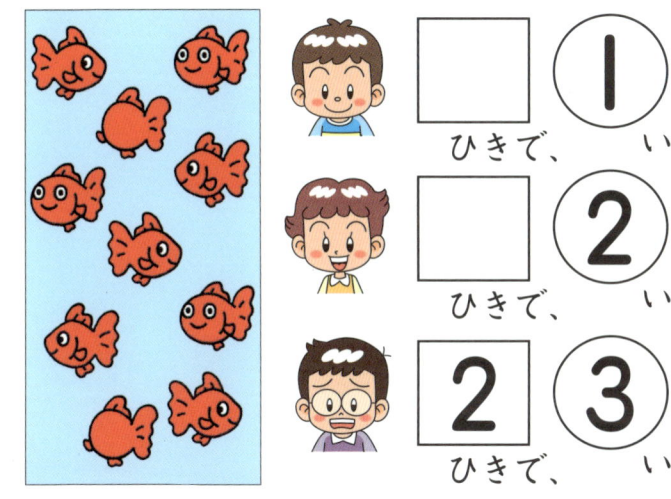

3

6にんとも　すくった　きんぎょの　かずが
ちがっていました。6にんの　じゅんいを　みて、□に
すくった　きんぎょの　かずを　かきましょう。

きんぎょは
11ぴき

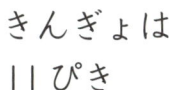

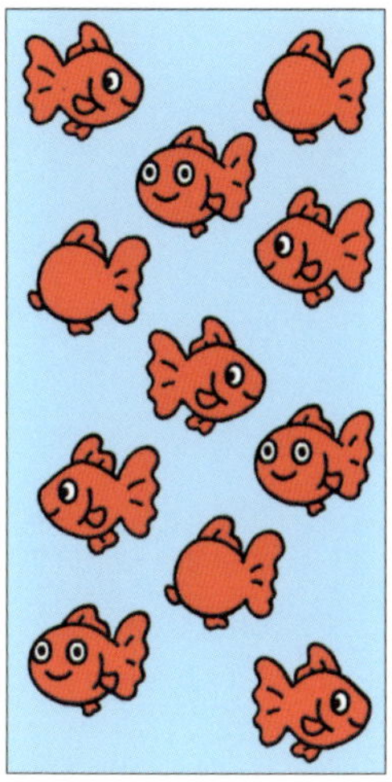

ひかるくんグループ（ぐるうぷ）

□ひきで、 1い

□ひきで、 4い

1 ぴきで、 6い

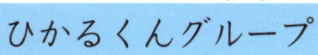

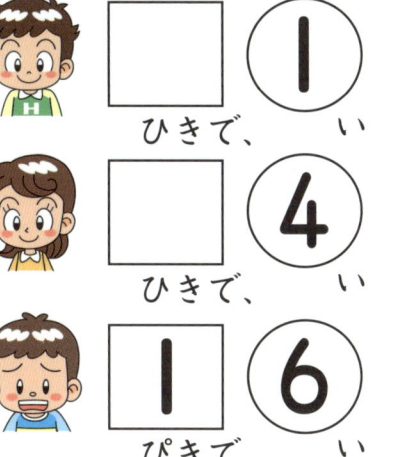

きんぎょは
11ぴき

えりちゃんグループ（ぐるうぷ）

□ひきで、 2い

□ひきで、 3い

□ひきで、 5い

ひかるくんの
グループ（ぐるうぷ）は、こっちの
すいそうの　きんぎょを
すくったよ。

えりちゃんの
グループ（ぐるうぷ）は、こっちの
すいそうの
きんぎょを　すくったわ。

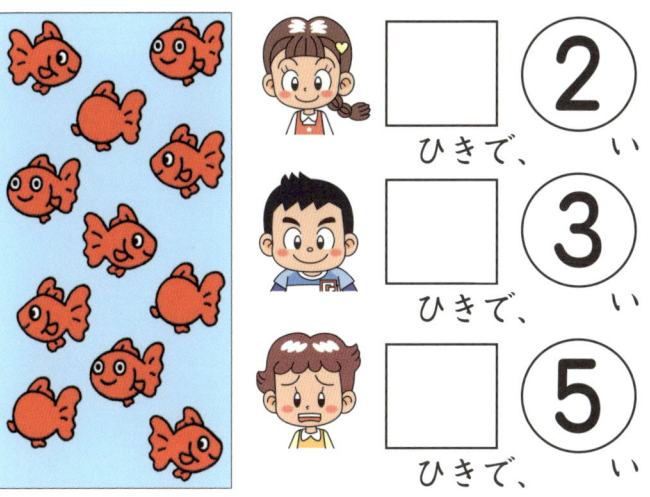

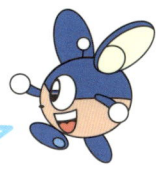

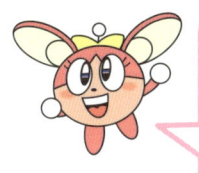

くしざし パズル

きまり

「くしざし パズル」に ちょうせんしましょう。
1. ◯に かいてある さいころの めを あわせると、5に なるように、◯に くしを まっすぐ さします。
2. くしに さす ◯は、2こか 3こです。
3. くしは たて・よこ・ななめに させます。
4. ◯は のこさず くしに さします。
5. くしと くしが まじわっては いけません。

1 どの くしも、◯に かいて ある さいころの めを あわせると、5に なるように さします。
どのように させば いいのかな。くしを かきましょう。

①

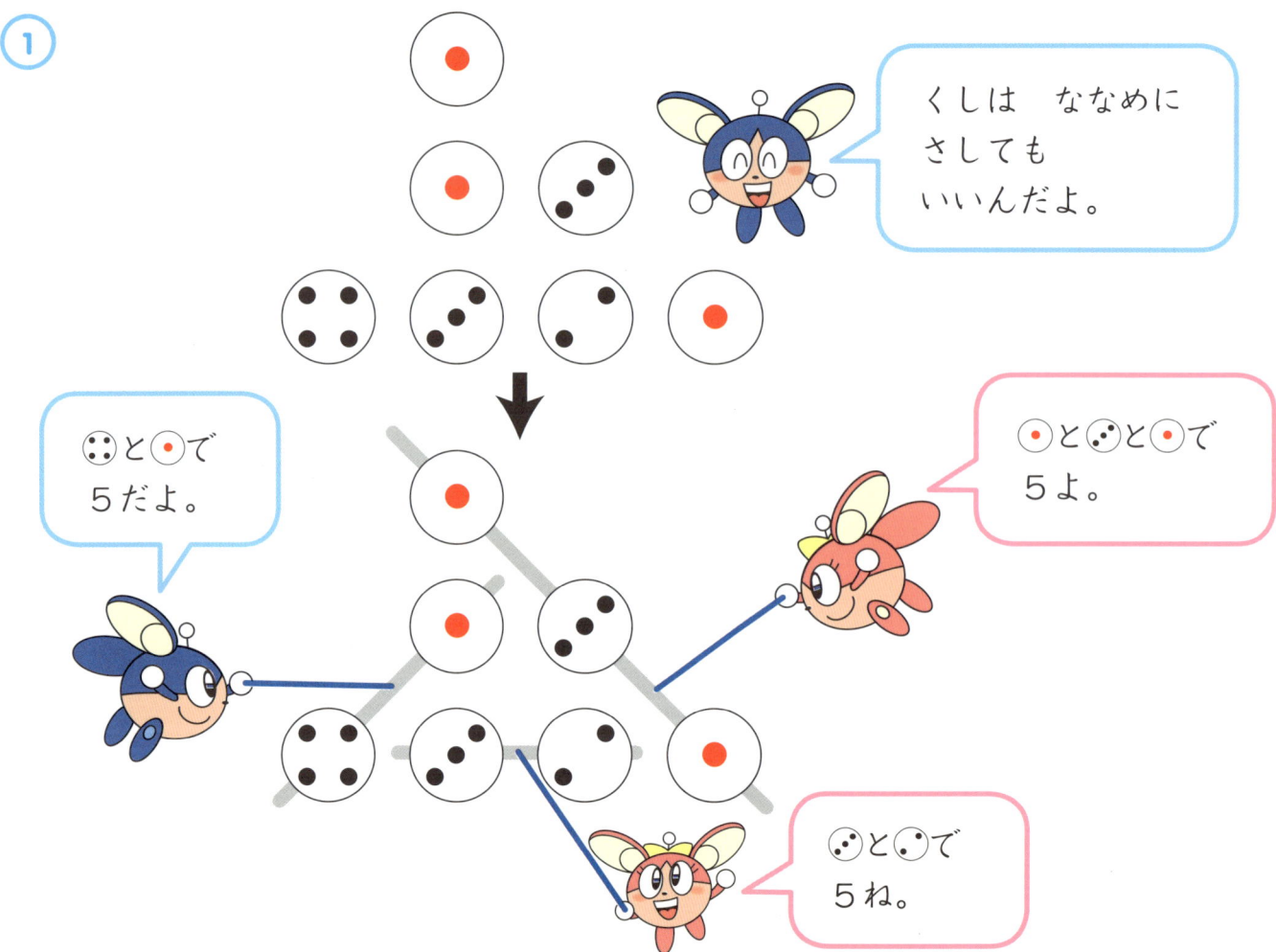

②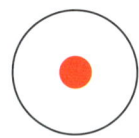
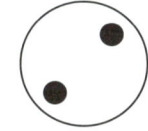

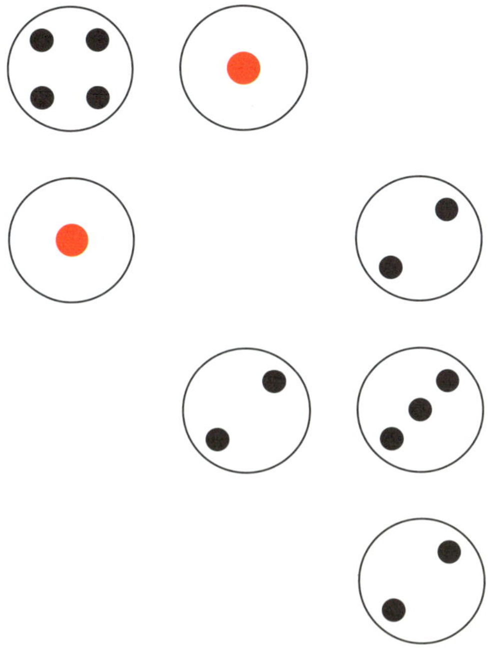

くしと くしが まじわらないように、きを つけてね。

③

くしは 4ほん かいてね。

④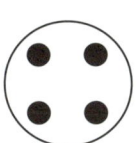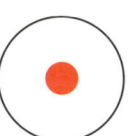

  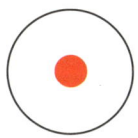  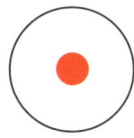

くしは 5ほん かいてね。

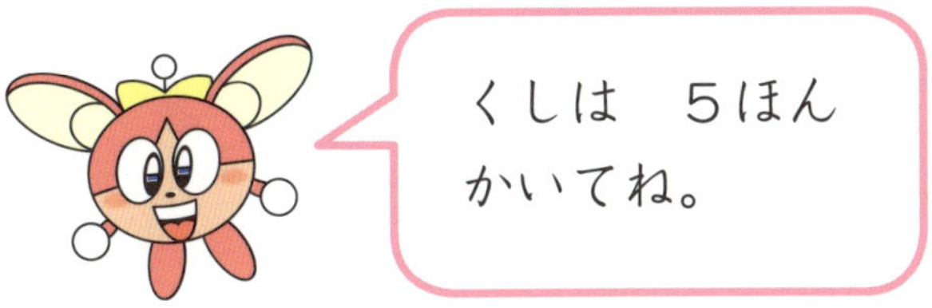

かずあわせ ゲーム

きまり

3にんで 「かずあわせ ゲーム」を しています。

①  の 7まいの カードが あります。

② カードを うらがえしに したまま、2まいずつ 3にんに くばります。のこった 1まいは、まんなかに おきます。

③ 2まいの カードの めを あわせた かずだけ、さくらんぼ🍒を もらえます。☆は、その ひとが もっている もう 1まいの カードと おなじ かずと します。

④ もらった さくらんぼの かずが おおい ひとから じゅんに、1い、2い、3いと します。

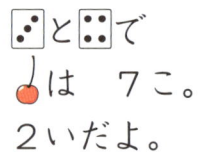とで 🍒は 7こ。2いだよ。

くばらなかった カードは まんなかに おくよ。

とで 🍒は 3こ。3いよ。

とで 🍒は 11こ。1いだよ。

1 □に あてはまる カードの シールを はりましょう。
○には もらった さくらんぼの かずを かきましょう。

① とで 6こ。

 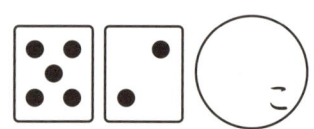    

②

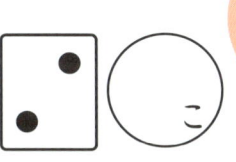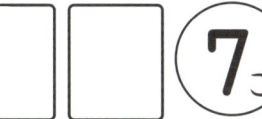

2 3にんとも おなじ かずの さくらんぼを もらいました。
□に あてはまる カードの シールを はりましょう。
○には もらった さくらんぼの かずを かきましょう。

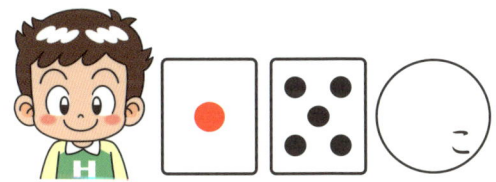
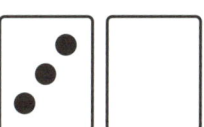

3 １いが ひかるくん、２いが えりちゃん、３いが げんちゃんでした。□にあてはまる カードの シールを はりましょう。○には もらった さくらんぼの かずを かきましょう。

29

くだもの あわせ

きまり

■ ■ ■の いろがみに もも・ぶどう・なしが かいてある 6まいの カードが あります。
この カードを つかって、
ひかるくんたちは ひとりずつ ロイと ゲームを します。

❶ カードを うらがえしたまま 3まいずつ とります。
つぎに えを みせて、1れつに ならべます。

❷ ロイの カードの ならびかたと みくらべて、うえと したに おなじ くだものが ならぶと、チョコを 3こ もらえます。うえと したに おなじ いろの カードが ならぶと チョコを 1こ もらえます。

6まいのカード

1 チョコを いくつ もらえたかな。☐に あてはまる かずを かきましょう。

①

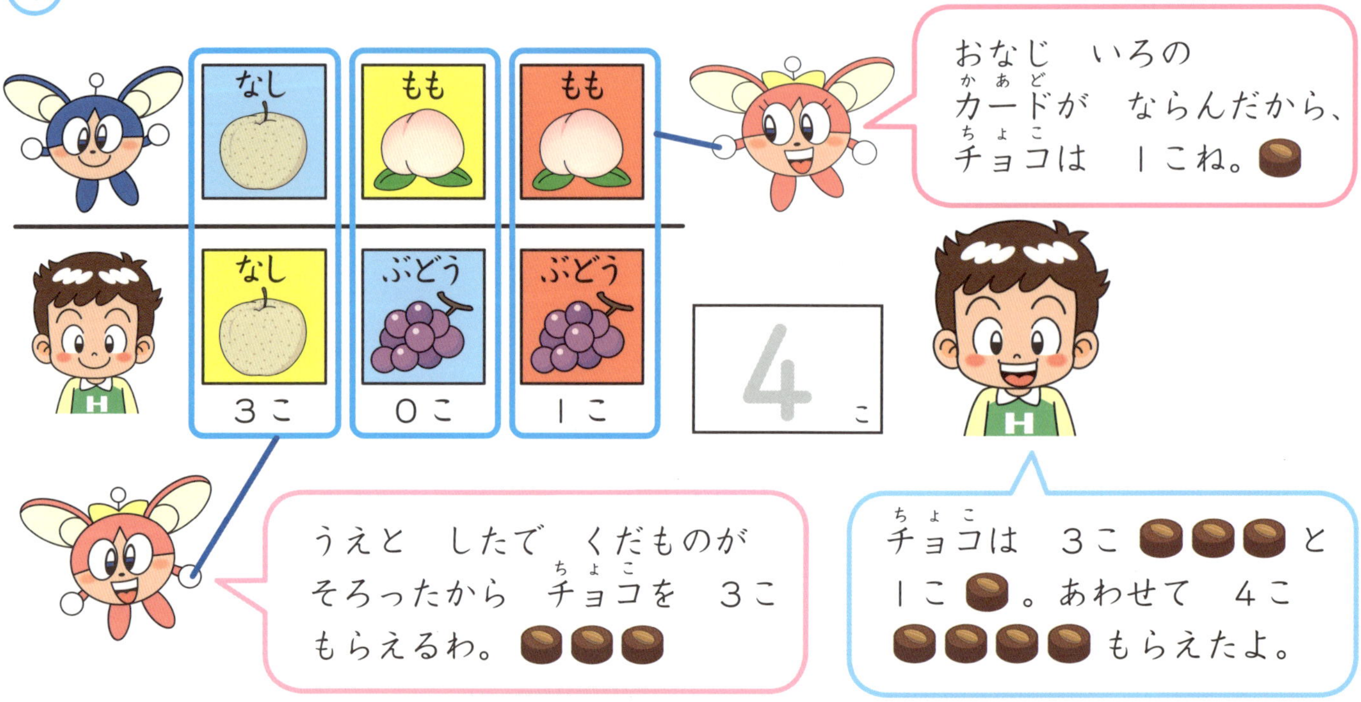

おなじ いろの カードが ならんだから、チョコは 1こね。

3こ　0こ　1こ　　4こ

うえと したで くだものが そろったから チョコを 3こ もらえるわ。

チョコは 3こ と 1こ。あわせて 4こ もらえたよ。

②

□こ

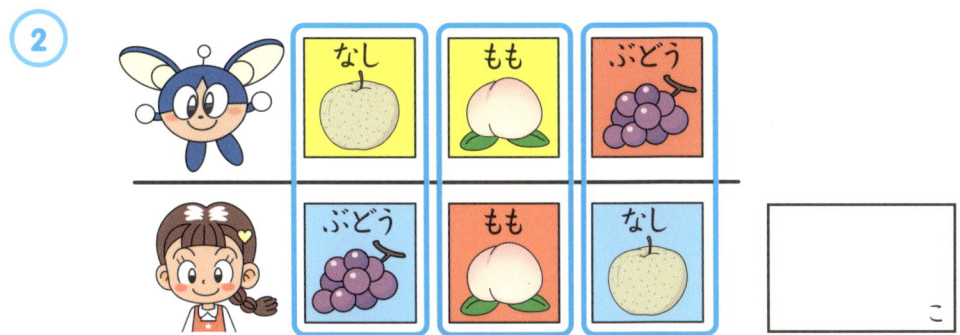

2

カードの　ならびかたは　つぎの　ように　なりました。
ロイが、「みんなの　ならべた　カードの　うち、２まいを
いれかえても　いいよ」と　いいました。みんなは　たくさん
チョコを　もらえるように、じぶんの　２まいの　カードの
ばしょを　いれかえました。
いれかえた　カードに　しるし（↔）を　つけましょう。
□に　もらった　チョコの　かずを　かきましょう。

①

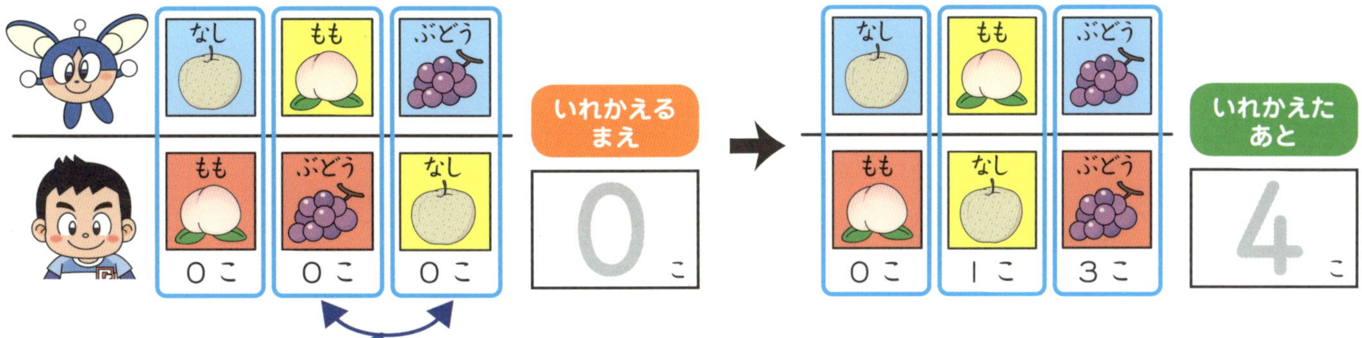

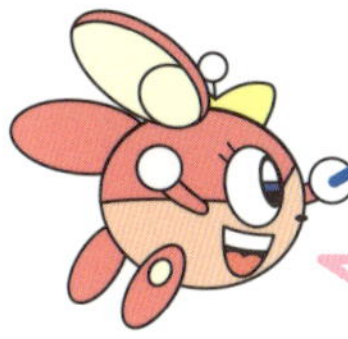

この　２まいを
いれかえるよ。

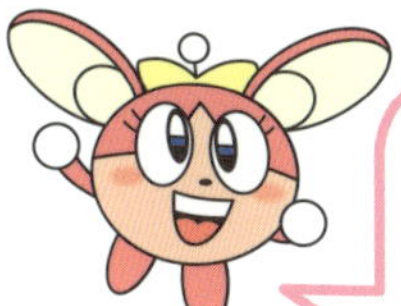

いれかえる　まえは
０こだったけれど、ぶどうとなしを
いれかえたら　１こと　３こで、
あわせて　４こに　なったわ。

②

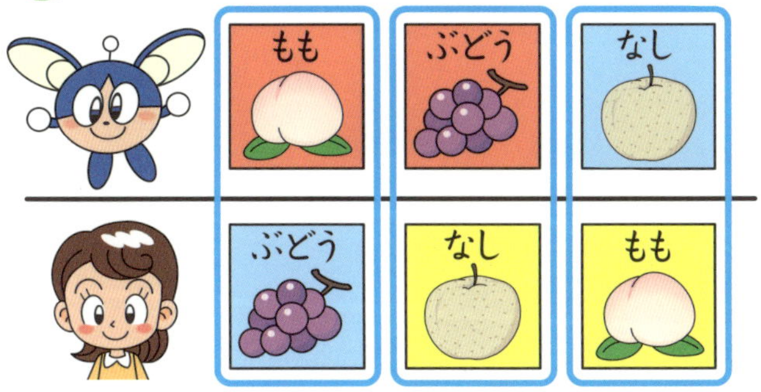

いれかえる まえ □こ

いれかえた あと □こ

なげなわ ゲーム

きまり

3にんで「なげなわ ゲーム」を します。

① きいろ・ピンク・みずいろの ピンが 4ほんずつ、ぜんぶで 12ほん コートに あります。

② コートの そとから あかと あおと みどりの ロープを なげて、ピンを かこみます。

③ ロープの なかに はいった ピンの いろで、もらえる あめの かずが ちがいます。

④ きいろは あめを 5こ もらえます。
ピンクは あめを 1こ もらえます。
みずいろは あめを 2こ かえします。

⑤ もらった あめの かずが おおい ひとから じゅんに、1い、2い、3いと します。

1 それぞれ あめを なんこ もらえたでしょう。

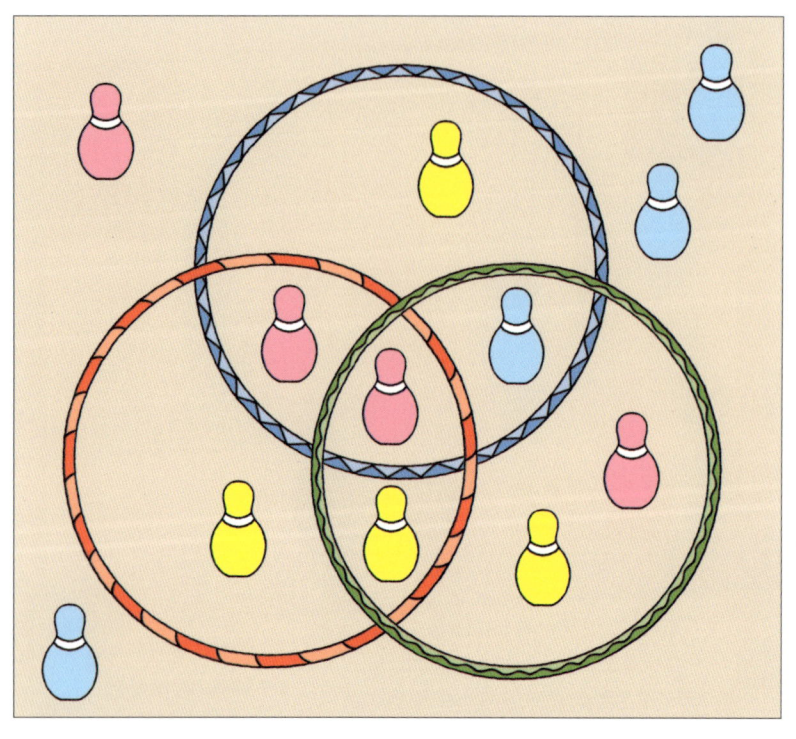

ロープの なかに 🟡🩷🔵の 4ほんが はいったよ。
🟡は 🍬🍬🍬。
🩷🩷は 🍬。🔵は 2こ かえすよ。あめは ぜんぶで 5こだね。

5 こ

　 こ　　　 こ

2 🎳に あてはまる いろの シールを はりましょう。
☐には あめの かずを かきましょう。○には じゅんいを かいてね。

3 3にんとも あめを 4こ もらいました。🎳に あてはまる いろの シールを はりましょう。

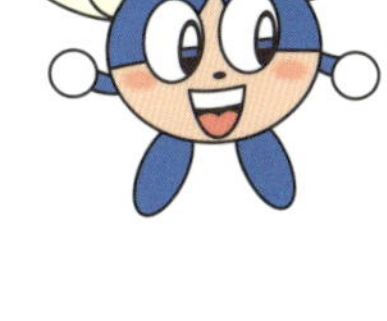

わかっていない ピンは 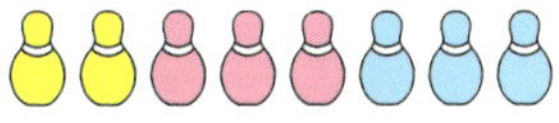 🎳🎳🎳🎳🎳🎳🎳 だね。

レベル ★★

くりひろい　めいろ

がつ　にち

おわったら シールを はろう

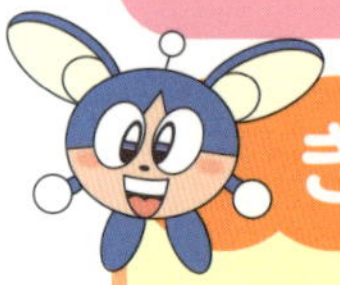

きまり

「くりひろい　めいろ」に
ちょうせんしましょう。

❶ くりが　１この　へやと、くりが　２この　へやと、くりが　３この　へやが、３つずつ　あります。

❷ スタートから　ゴールまで　とおった　へやの　くりを　すべて　ひろいます。

❸ おなじ　へやを　２かい　とおっては　いけません。

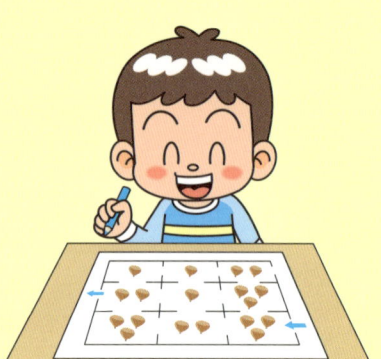

1

スタートから　ゴールまで　➡の　みちじゅんで　すすみます。くりを　なんこ　ひろったでしょう。

①

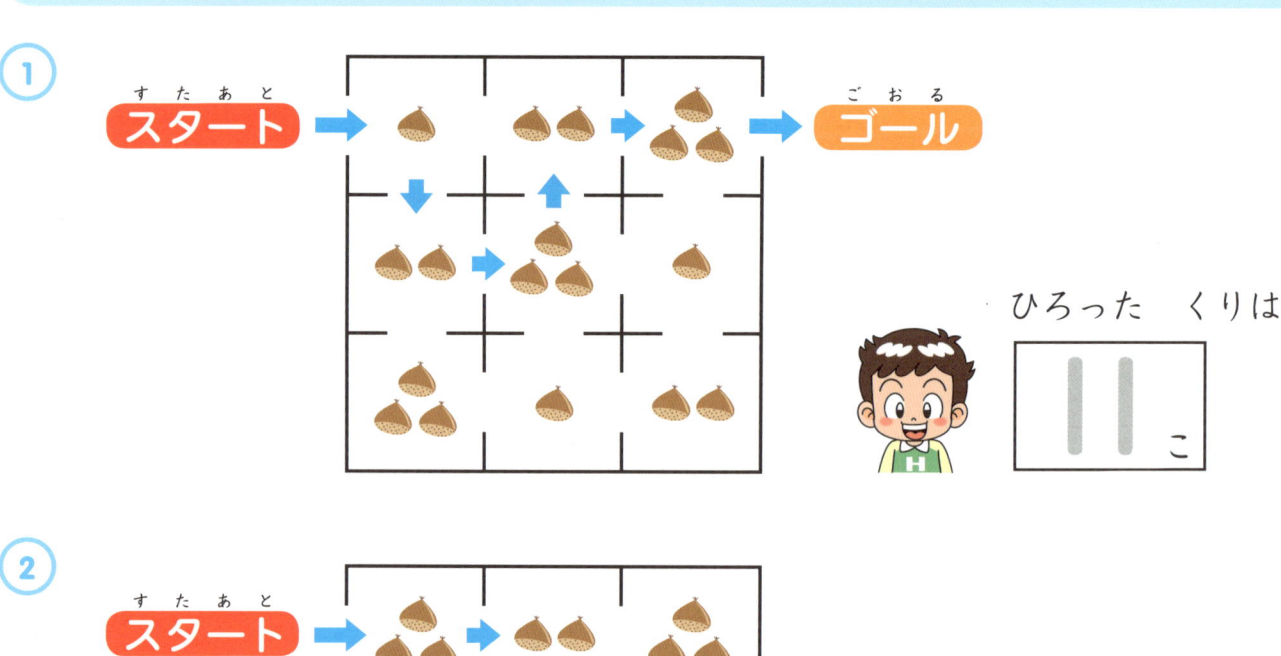

ひろった　くりは　11 こ

②

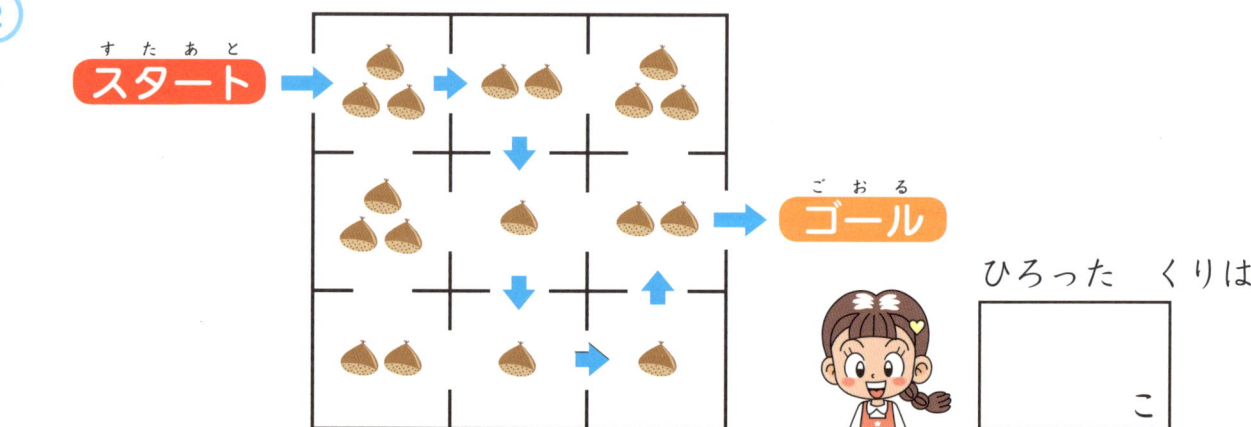

ひろった　くりは　　こ

2

スタートから ゴールまでに ひろった くりの かずが わかっています。みちじゅんを → で かきましょう。

① ひろった くりは 15こ

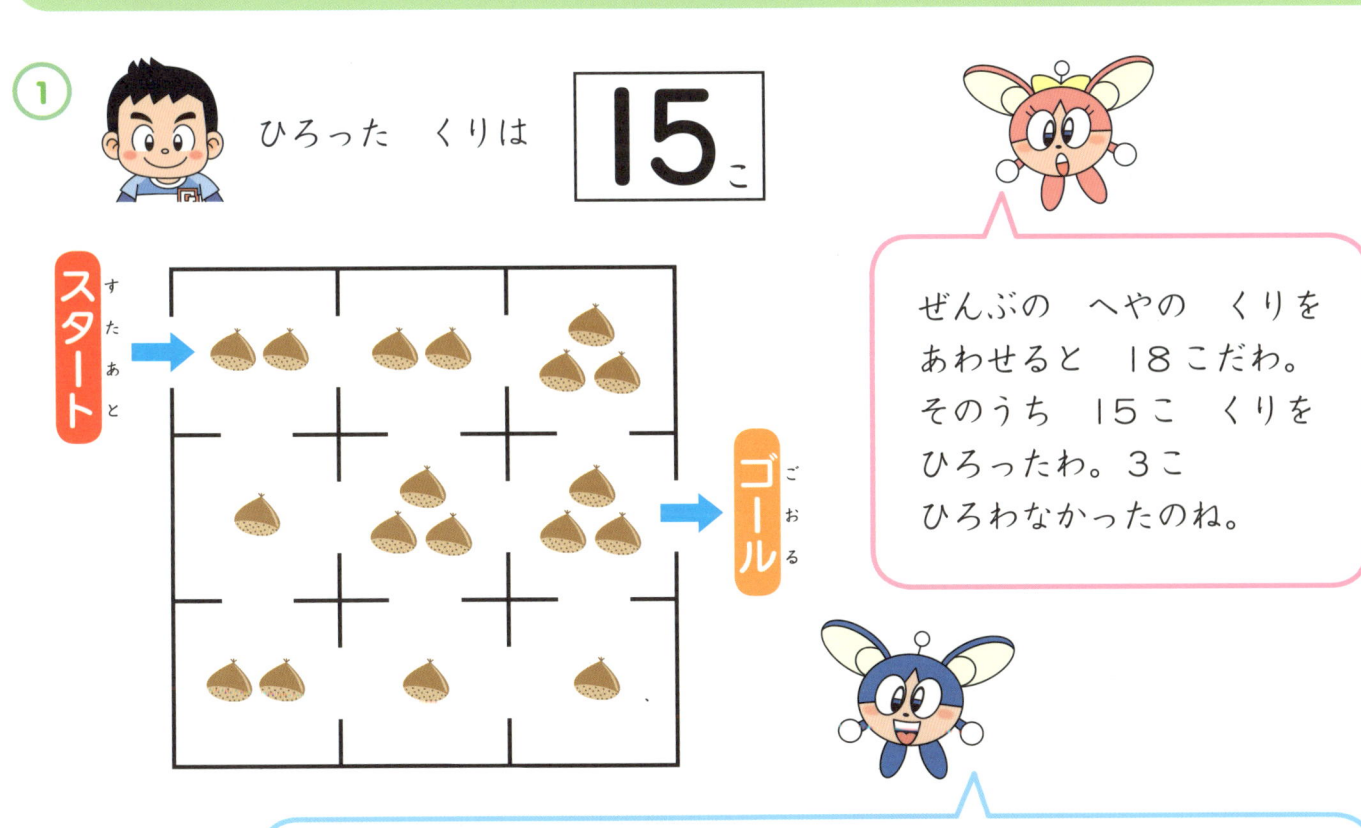

ぜんぶの へやの くりを あわせると 18こだわ。そのうち 15こ くりを ひろったわ。3こ ひろわなかったのね。

を 1つ とおらない みちじゅんが あるかな？ それとも、と を 1つずつ とおらない みちじゅんが あるかな？

② ひろった くりは 17こ

③ ひろった くりは 16こ

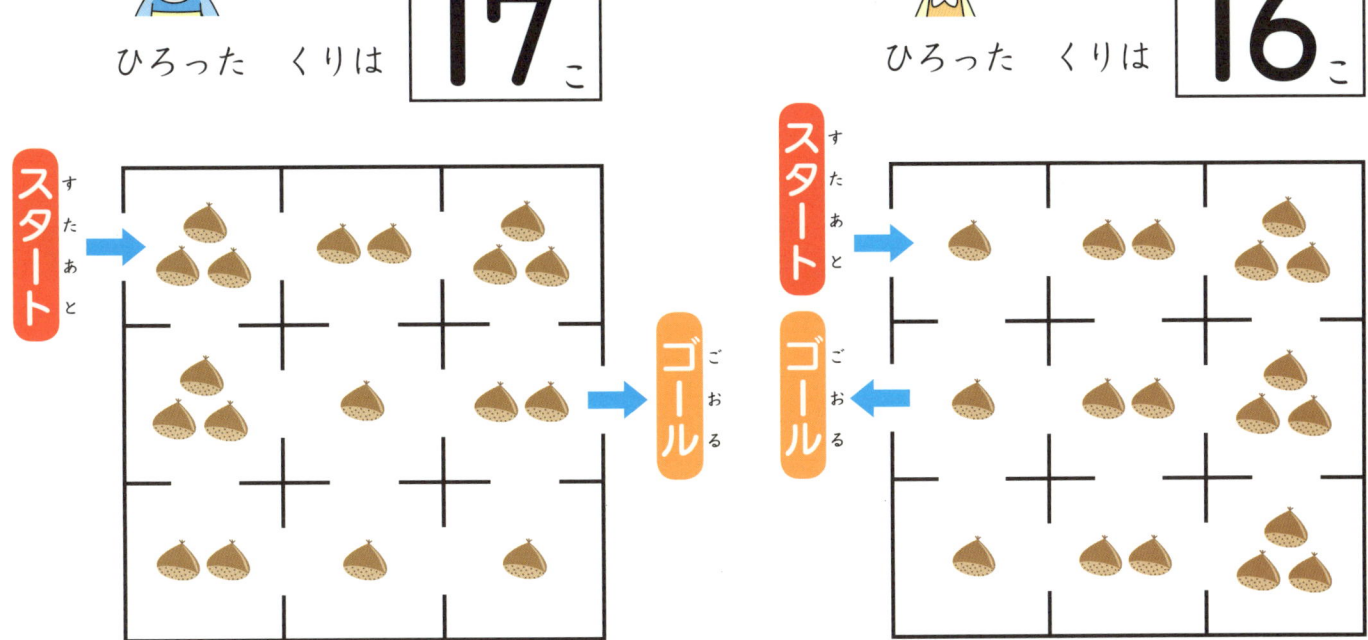

たまいれ ゲーム

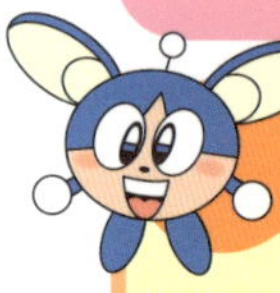

きまり

みんなで「たまいれ ゲーム」を しています。
1. ボールを 3こずつ かごに なげて いれます。
2. かごに ボールが はいると、かごの ⚀⚁⚂の かずだけ あめ🍬が もらえます。
3. もらった あめの かずが おおい ひとから じゅんに 1い、2い、3い、4いと します。
4. もらった あめの かずが おなじ ときは、かごに はいった ボールの かずが おおい ひとが うえの じゅんいに なります。
5. もらった あめの かずも、かごに はいった ボールの かずも、おなじ ときは、おなじ じゅんいに なります。

1 ボールが どの かごに はいったか わかっています。
□には あめの かずを かきましょう。
○には じゅんいを かきましょう。

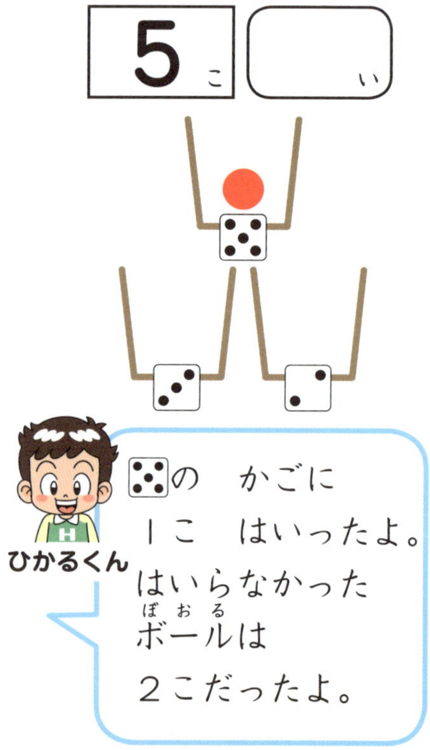

| 5 こ | い |

| こ | い |

| こ | い |

ひかるくん: ⚄の かごに 1こ はいったよ。はいらなかった ボールは 2こだったよ。

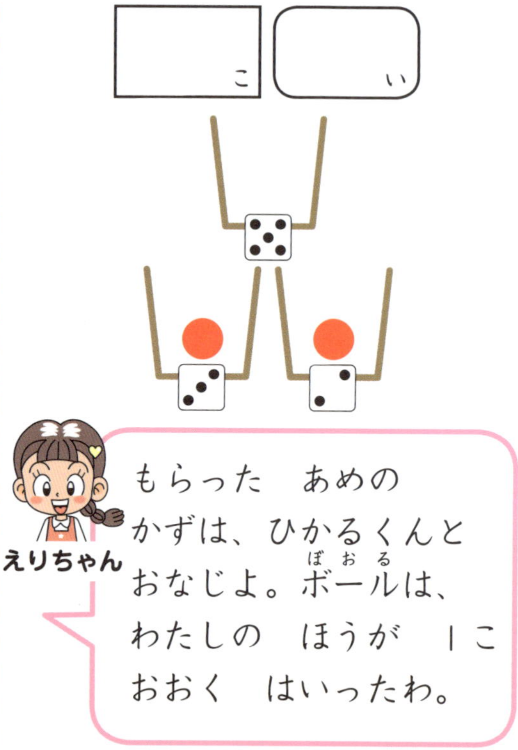

えりちゃん: もらった あめの かずは、ひかるくんと おなじよ。ボールは、わたしの ほうが 1こ おおく はいったわ。

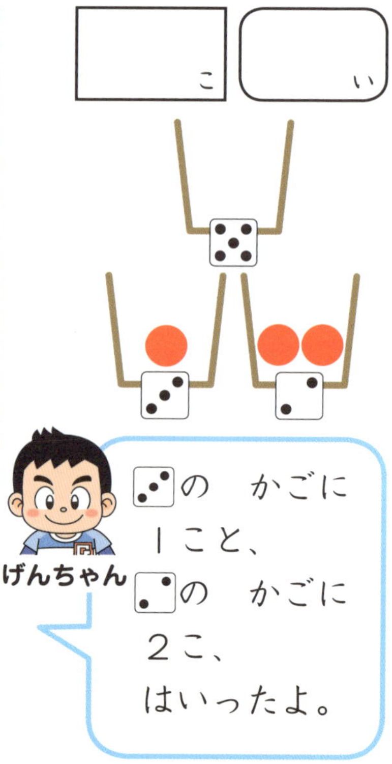

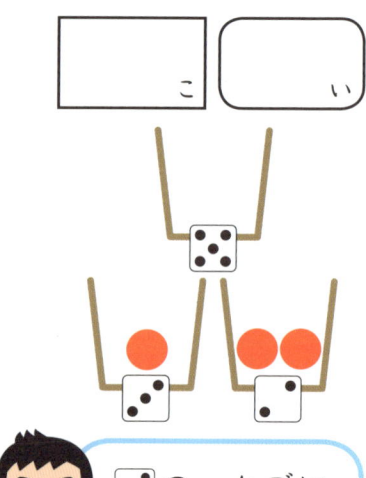

げんちゃん: ⚄の かごに 1こと、⚀の かごに 2こ、はいったよ。

2

どの かごに ボールが はいったのかな。もらった あめの かずや じゅんいを みて、かごに 🔴シールを はりましょう。
□には あめの かずを かきましょう。
□には じゅんいを かいてね。

①

- 🎲の かごに 1こ はいったわ。
- 3こども おなじ かごに はいったよ。
- やったー。1いだ。
- ざんねん。2いよ。

| 9こ 3い | 9こ 3い | 10こ 1い | □こ 2い |

②

| 7こ 1い | □こ 2い | 6こ 3い | 4こ 4い |

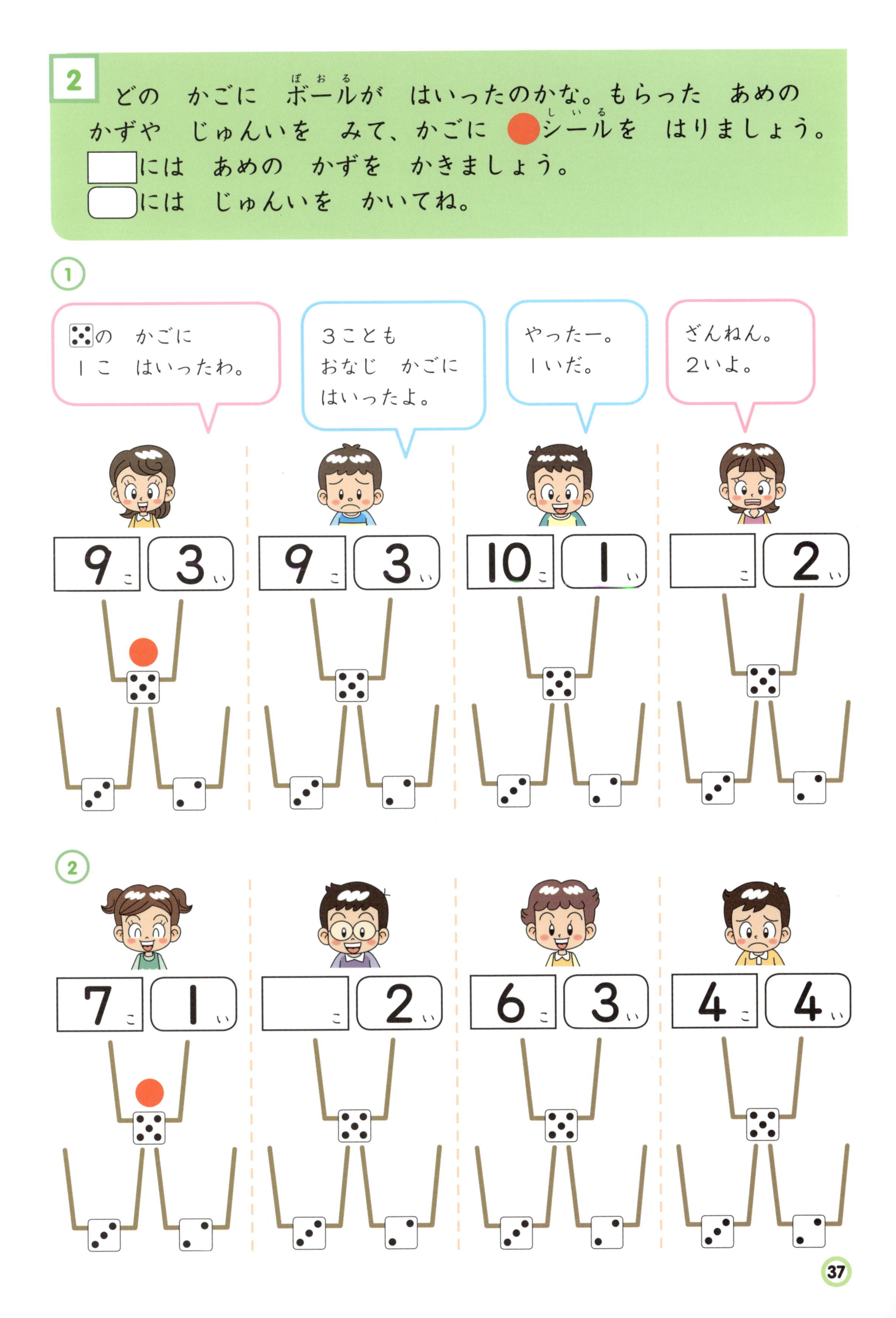

なんこ たべた?

レベル ★★

きまり

みんなで いろいろな かずを くらべました。 かずを くらべたとき、「ちいさい かず ➡ おおきい かず」と なるように ふたつの かずの あいだに ➡を かきます。

1 かずを くらべて、○に ➡ ← ↑ ↓の どれかを かきましょう。

① ② ③

2 たべた くだものの かずを くらべました。
1, 2, 3, 4, 5, 6の どれかです。かずが おなじ ひとは いません。□に あてはまる シールを はりましょう。

① ようなしの シールを はりましょう。

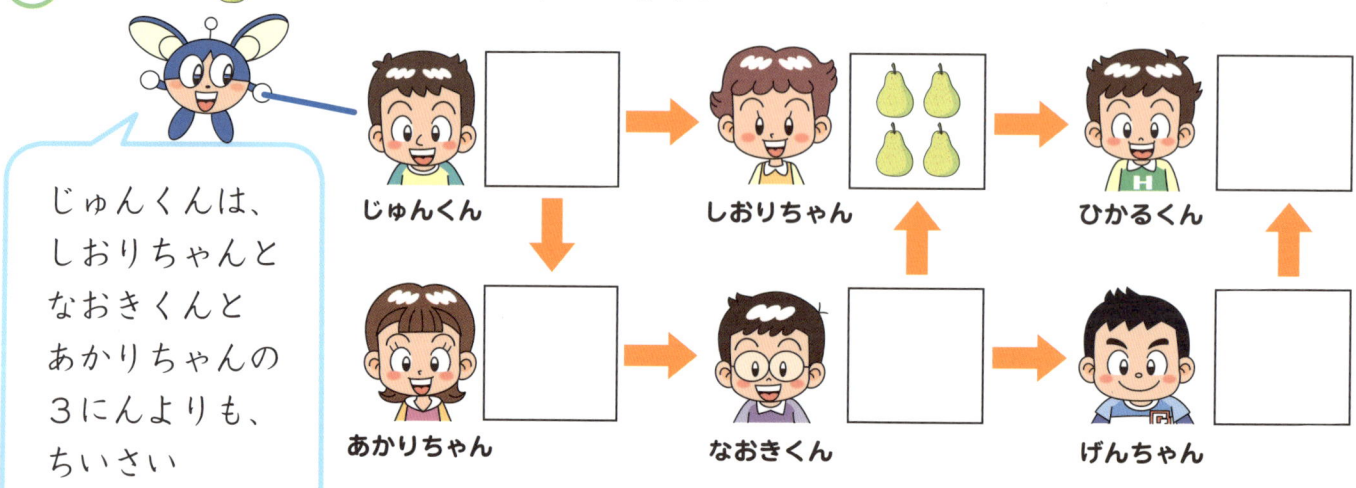

じゅんくんは、しおりちゃんと なおきくんと あかりちゃんの 3にんよりも、ちいさい かずだよ。

② りんご🍎の シールを はりましょう。

③ 9にんが たべた クッキーの かずは、1〜9この どれかです。かずが おなじ ひとは いません。
□に あてはまる クッキー🍪の シールを はりましょう。

レベル ★

あわせて 5！

きまり

みんなで「あわせて 5」ゲームを します。

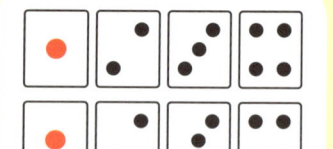

① ⚀⚁⚂⚃の カードが 2まいずつ、あわせて 8まい あります。

② ふたりで 4まいずつ カードを とります。

③ さきに おく ひと（せんこう）は、4まいのうち 3まいを ならべます。

④ あとから おく ひと（こうこう）は、せんこうが おいた 3まいの カードの よこに、あわせて 5に なる カードを 1まいずつ おきます。

⑤ こうこうの ひとが 3まいの カードを 5に なるように おければ、こうこうの かち。おけなければ せんこうの かちです。

1

こうこうの ひとが もっている カードを □に かきましょう。つぎに どのように ならべたか □に かきましょう。さて、どちらが かったのかな？

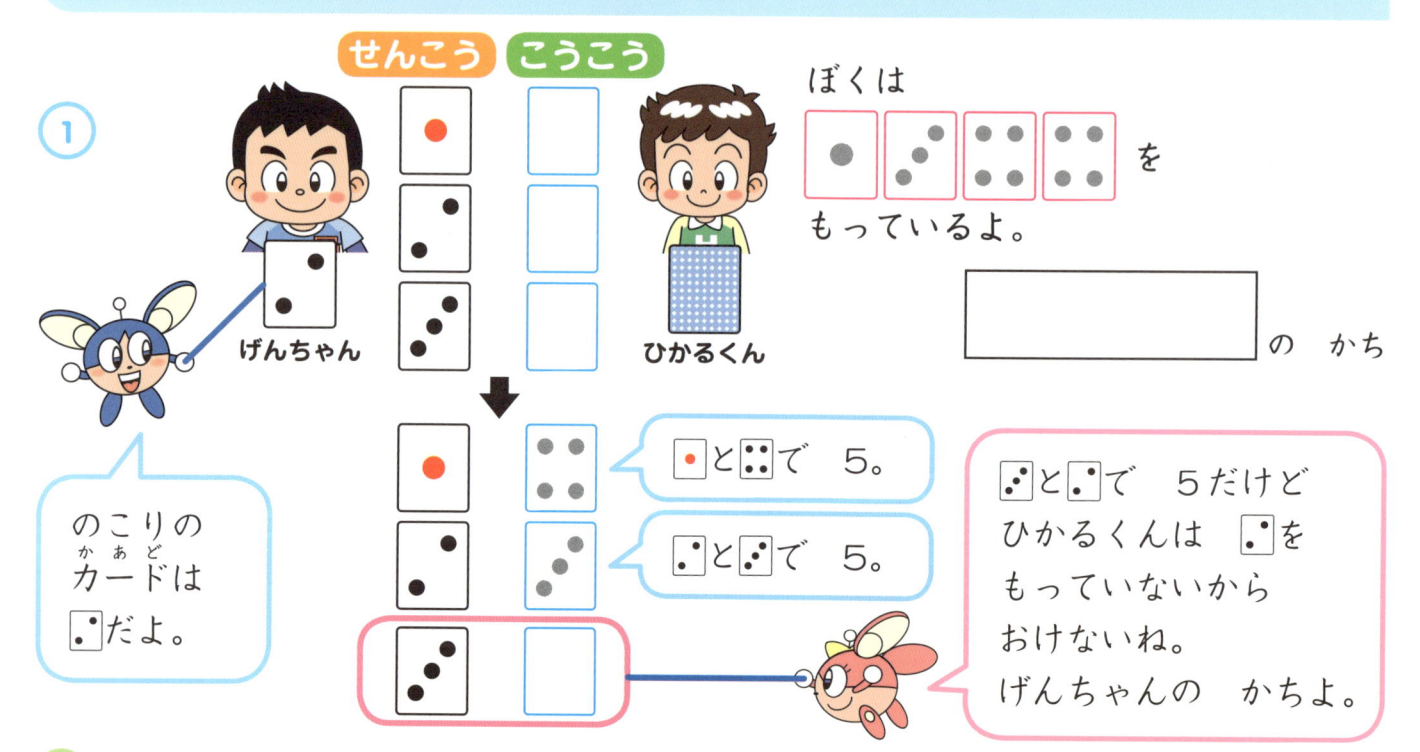

① せんこう こうこう

げんちゃん　ひかるくん

ぼくは ⚁⚂⚃⚃ を もっているよ。

□ の かち

⚀と⚃で 5。
⚁と⚂で 5。

のこりの カードは ⚂だよ。

⚂と⚁で 5だけど ひかるくんは ⚁を もっていないから おけないね。
げんちゃんの かちよ。

②

せんこう　こうこう

のこりの
カードは
・だよ。

ひかるくん　　　えりちゃん

わたしは □□□□ を
もっているわ。

□ の かち

③

せんこう　こうこう

のこりの
カードは
・だよ。

げんちゃん　　　さやかちゃん

わたしは □□□□ を
もっているわ。

□ の かち

2 せんこうの さやかちゃんが かちました。さやかちゃんの
のこりの カードを □に かきましょう。つぎに ひかるくんが
もっている カードを □に かいて、ひかるくんが ならべた
カードを かんがえましょう。

わたしの
のこった
カードを
かいてね。

せんこう　こうこう

さやかちゃん　　　ひかるくん

ぼくは □□□□ を
もっているよ。

さやかちゃん の かち

41

りんごを いれよう

レベル ★★

きまり

りんごの はいった かごを たなに いれます。

① 8この かごが あります。

② りんごは かごに 1こか、2こか、3こ はいっています。りんごが はいっていない かごも あります。

③ ●に かいてある すうじは、→の ほうこうに ある りんごを あわせた かずです。

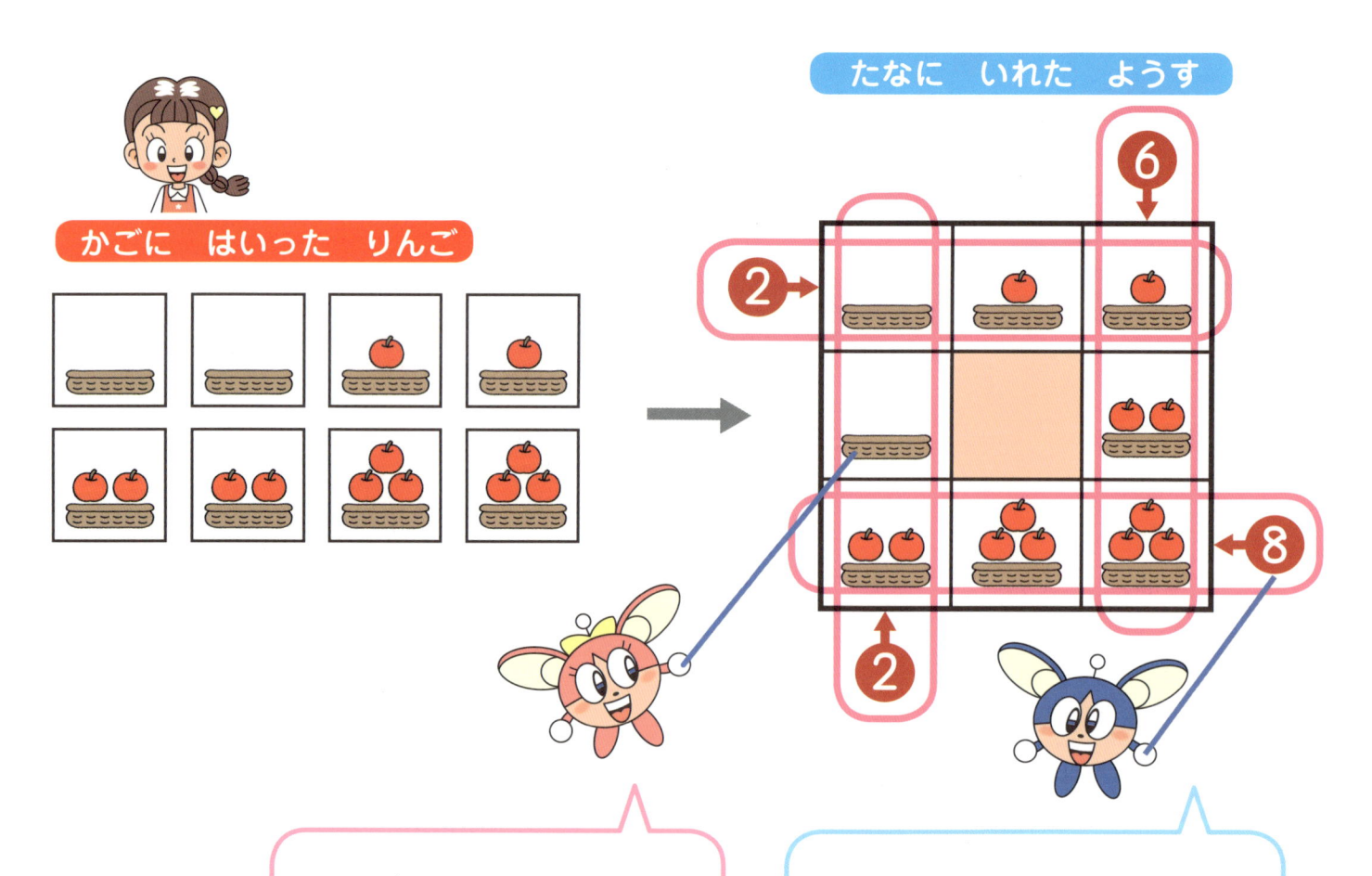

かごに はいった りんご

たなに いれた ようす

りんごが はいっていない かごも あるのね。

←の ほうこうの りんごを あわせると 8こだね。

42　きらめき算数脳　入学準備〜小学1年生 かず・りょう

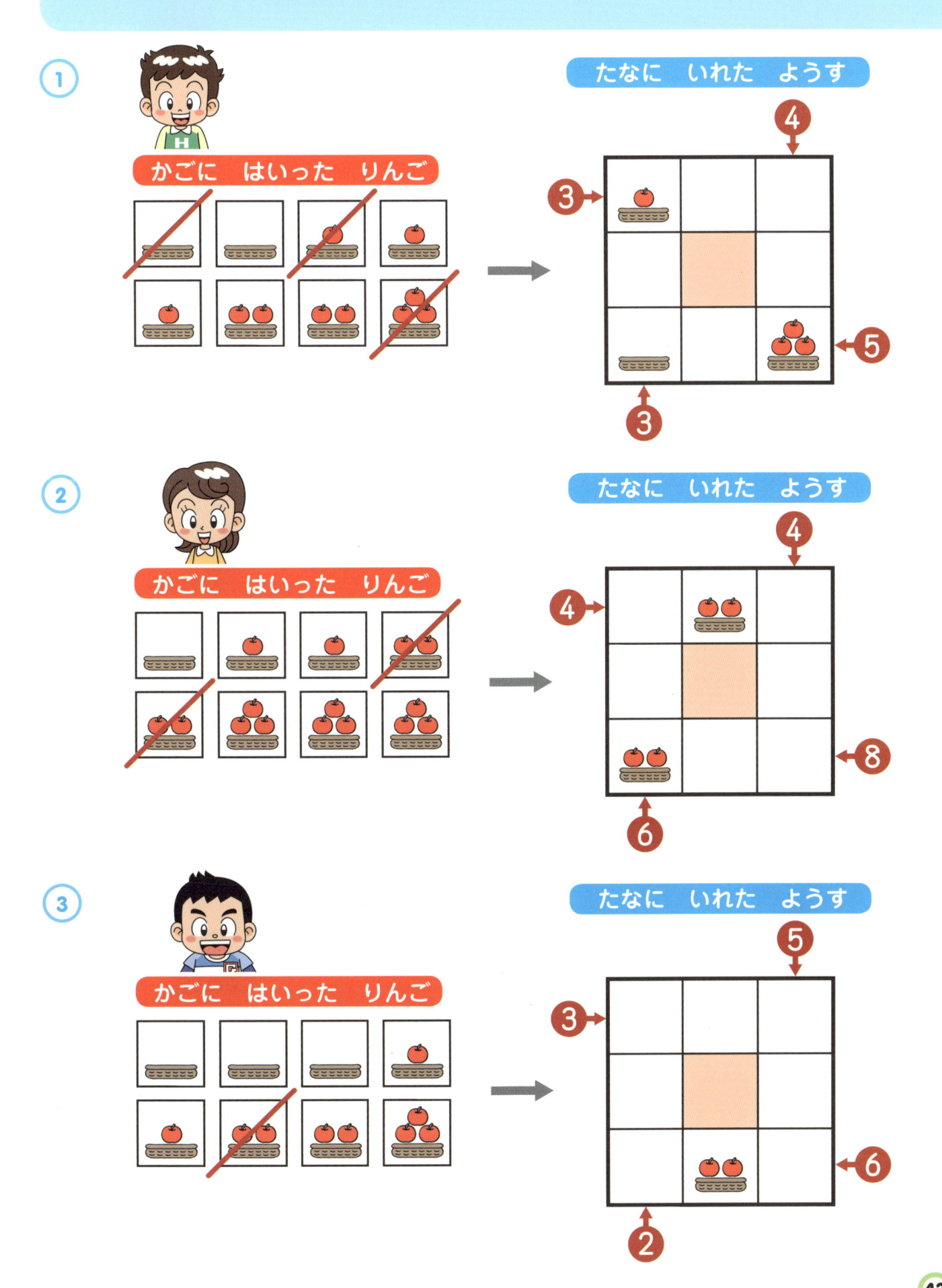

1

●に かいてある すうじを みて、□に あてはまる シールを はりましょう。

① かごに はいった りんご → たなに いれた ようす

② かごに はいった りんご → たなに いれた ようす

③ かごに はいった りんご → たなに いれた ようす

むかいあわせ パズル

レベル ★★★

きまり

みんなで「むかいあわせ パズル」に ちょうせんしています。
① おなじ いろの ▽が むかいあわせに なるように ならんでいます。
② むかいあっている ▽に ついている、2つの ○を あわせた かずが、おなじに なるように します。

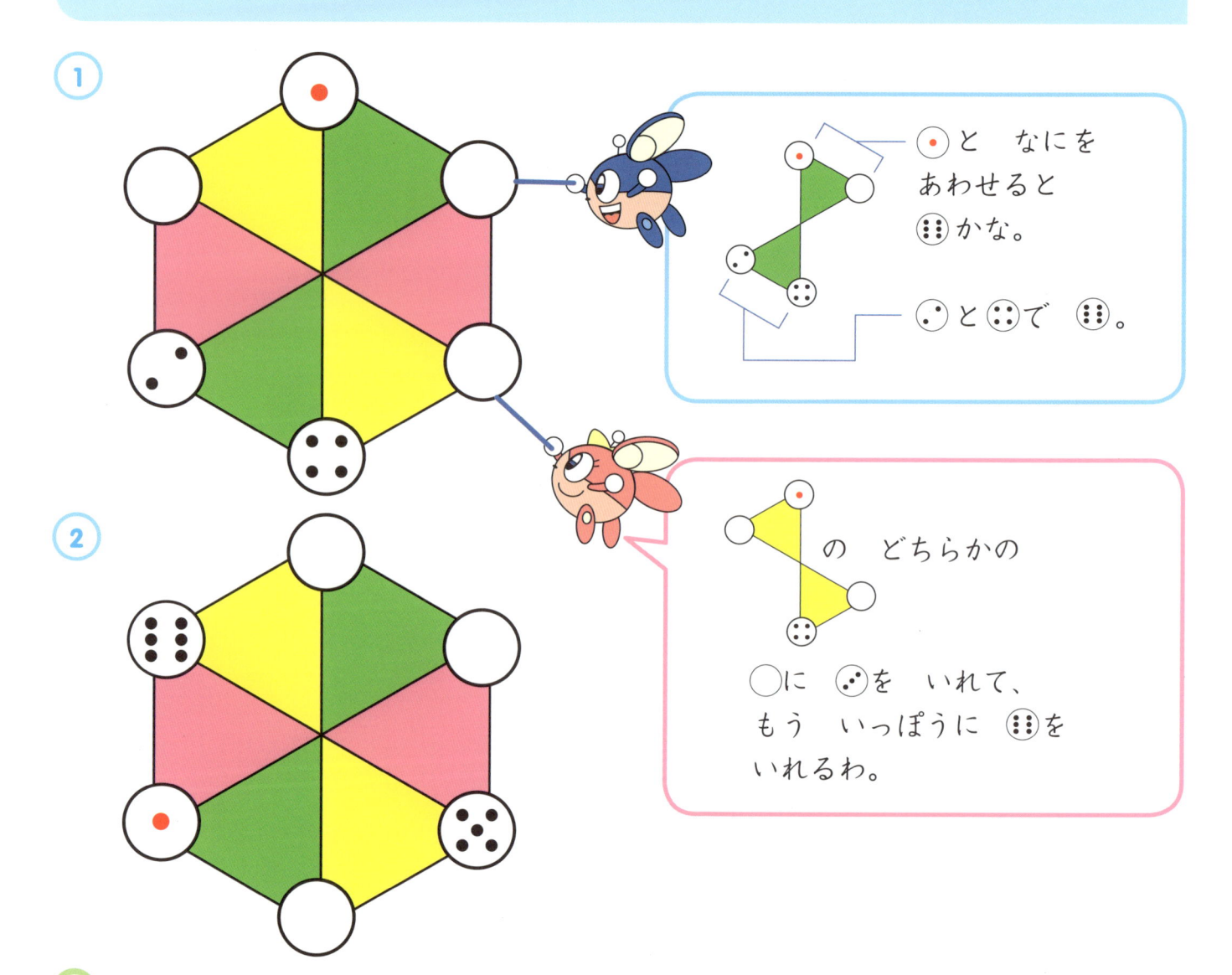

1 ○に ⚀⚁⚂⚃⚄⚅の どれかを ひとつずつ いれます。○に あてはまる シールを はりましょう。

① ⚀と なにを あわせると ⚅かな。

⚀と ⚄で ⚅。

② ⚁を いれて、もう いっぽうに ⚅を いれるわ。

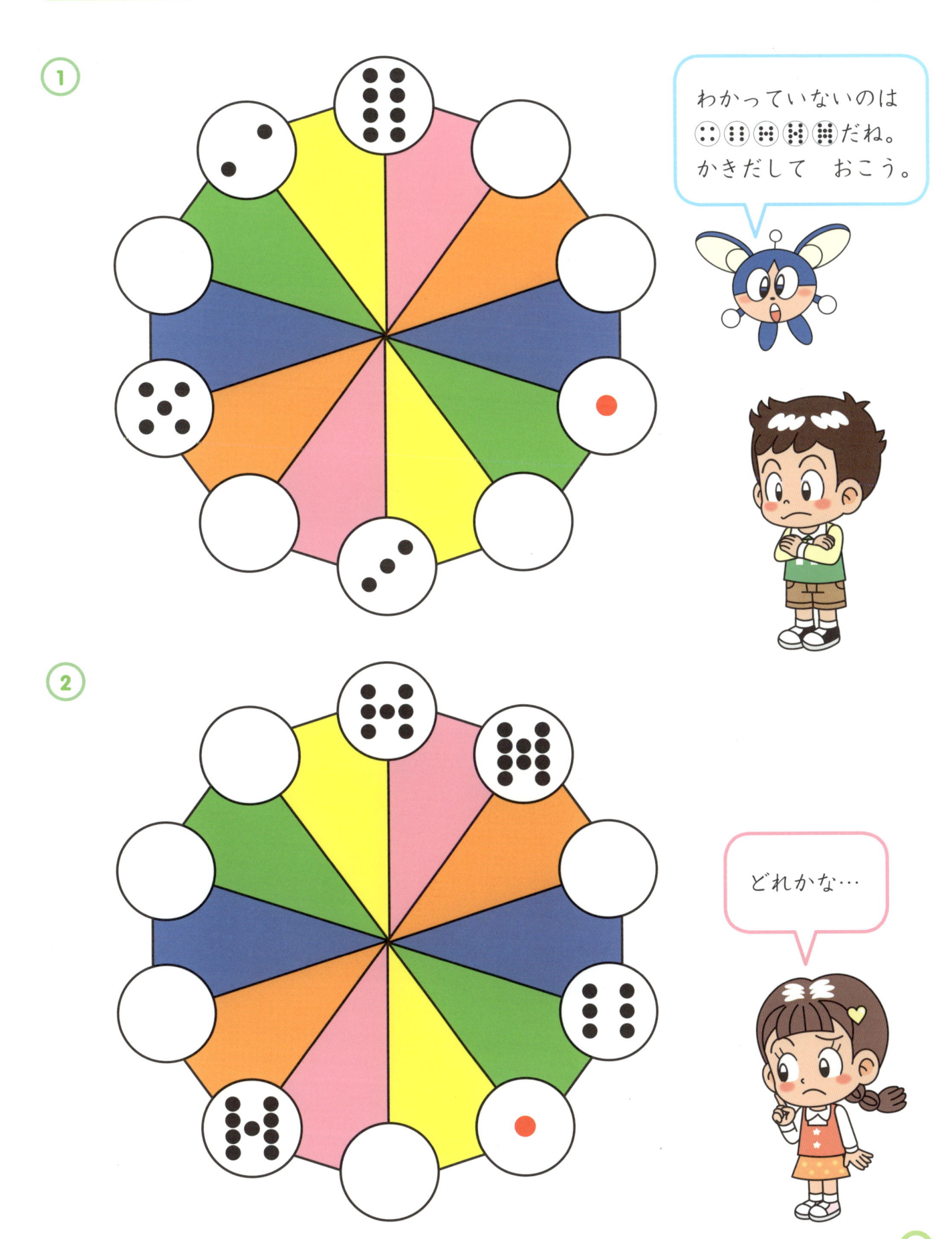

2 ◯に ⚀⚁⚂⚃⚄⚅🁣🁪🁱の どれかを ひとつずつ いれます。◯に あてはまる シールを はりましょう。

①

わかっていないのは ⚅🁣🁪🁱だね。かきだして おこう。

②

どれかな…

おしょうがつ すごろく

レベル ★★

がつ　にち
おわったら シールを はろう

きまり

みんなで「おしょうがつ すごろく」を します。

① スタート から さいころを ふって でた めの かずだけ すすみます。

② ☐の すうじに とまると、とくべつルール が あります。

とくべつルール

ちょうど ③ に とまると、⑬まで すすめます。
ちょうど ⑩ に とまると、⑥まで もどります。
ちょうど ⑪ に とまると、スタート まで もどります。
ちょうど ⑭ に とまると、④まで もどります。

③ ゴール には ちょうどの かずでしか とまれません。ちょうどの かずよりも おおきい かずが でたときは ゴール から あともどりします。

たとえば、⑫で、⚅が でたときは、ゴール から 2つ もどって ⑭に とまり、とくべつルール で ④まで もどります。

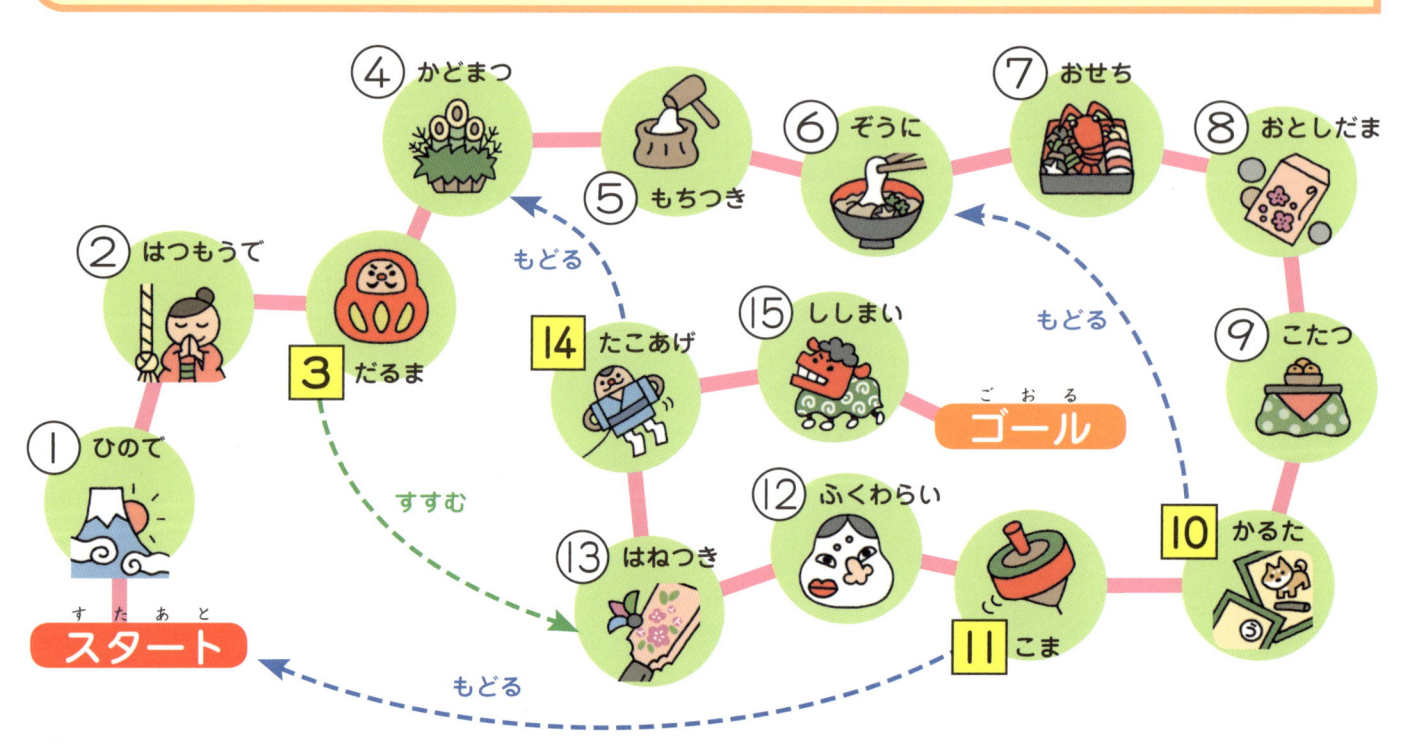

①ひので(スタート) ②はつもうで ③だるま ④かどまつ ⑤もちつき ⑥ぞうに ⑦おせち ⑧おとしだま ⑨こたつ ⑩かるた ⑪こま ⑫ふくわらい ⑬はねつき ⑭たこあげ ⑮ししまい(ゴール)

1 さいころを 2かい ふりました。○に あてはまる すうじを かきましょう。

①
| 1かいめ | すすんだ ところ | 2かいめ | すすんだ ところ |

3に とまると、とくべつルールで ⑬まで すすめるよ。

②
| 1かいめ | すすんだ ところ | 2かいめ | すすんだ ところ |

2 スタートから さいころを 3かいふって、ちょうど ゴールに とまりました。さいころの めの くみあわせは、6にん ぜんいん ちがっていました。□に あてはまる さいころの めを かきましょう。

へいたい ならべ！

レベル ★★

きまり

したのような 12にんの へいたいが います。
へいたいたちは じょおうさまの めいれいどおりに、
ならばなくては なりません。

1. へいたいたちは 4にんずつ 3つの チームに わかれます。
2. じょおうさまは あか・あお・きいろの いろか、1・2・3の すうじの どれかを じゅんばんに 4つ いいます。たとえば、じょおうさまが「2」と いったら、2か 2か 2が ならびます。じょおうさまが「あか」と いったら、1か 2か 3が ならびます。
3. ■は どんな すうじや いろの めいれいの ときでも ならぶ ことが できます。
4. めいれいどおりに ならべなかった チームは まけです。

1

じょおうさまの めいれいは「2→3→1→あか」です。
どの チームも めいれいどおりに ならぶことが できました。
□に あてはまる シールを はりましょう。

① ひかるくんチームの へいたい

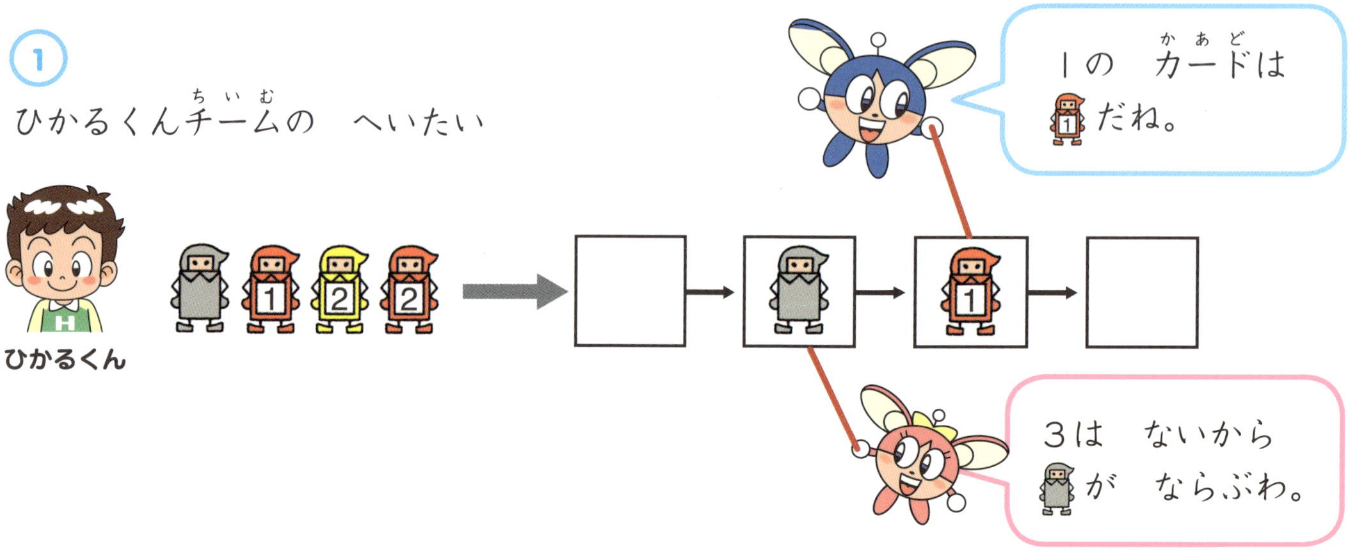

1の カードは 1だね。

3は ないから ■が ならぶわ。

② えりちゃんチームの へいたい

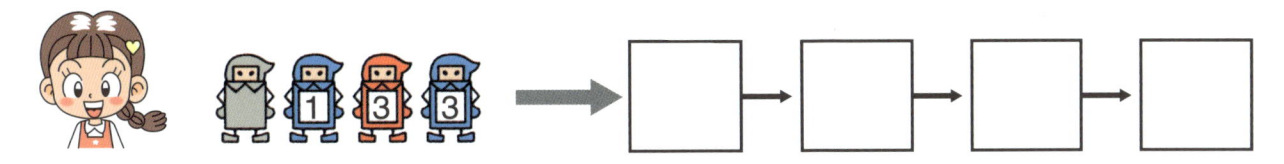

□ → □ → □ → □

③ げんちゃんチームの へいたい

□ → □ → □ → □

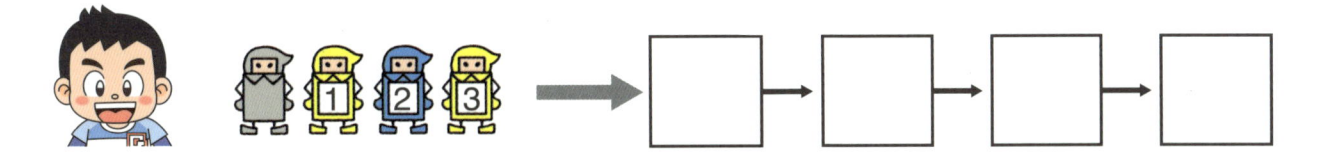

2

じょおうさまの めいれいは 「あお→1→あか→3」です。めいれいどおりに ならべなかった チームが 1つだけ ありました。どの チームが ならべなかったかな。□に シールを はって かんがえましょう。

① ひかるくんチームの へいたい

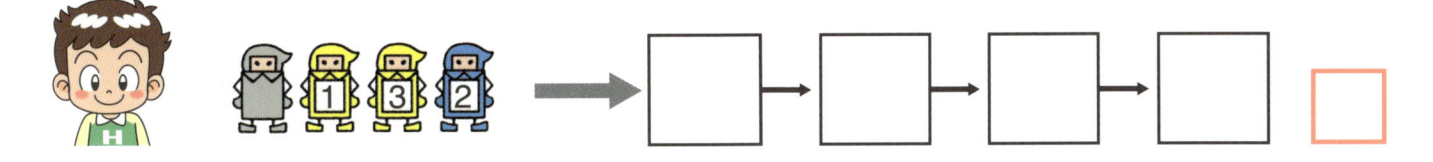

□ → □ → □ → □ □

② えりちゃんチームの へいたい

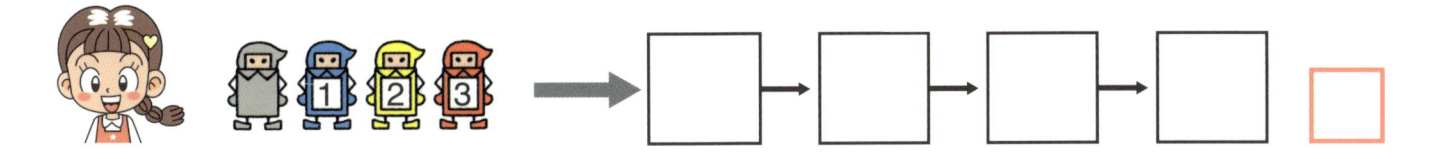

□ → □ → □ → □ □

③ げんちゃんチームの へいたい

□ → □ → □ → □ □

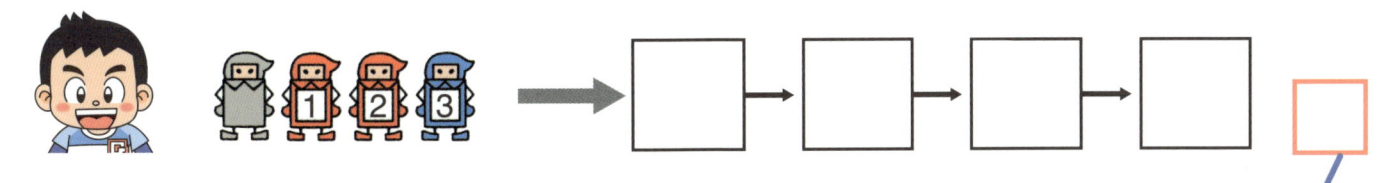

□には、めいれいどおりに ならべたら ○を かいてね。ならべなかったら ✕を かくのよ。

ゆきだるま めいろ

レベル ★

がつ　にち　おわったら シールを はろう

きまり

「ゆきだるま めいろ」を しましょう。

① スタート から ⛄ に かいてある すうじの ぶんだけ、とちゅうで むきを かえないで、たてか よこに すすみはじめます。

② とまった ⛄ に かいてある すうじの ぶんだけ、また たてか よこに すすみます。

③ ⛄ の ところは とおれますが、とまれません。

④ おなじように すすんで、ゴール ⛄ まで いきます。

⑤ おなじ みちを なんど とおっても かまいませんが、できるだけ みじかい すすみかたで すすみます。

⛄2 からの ただしい すすみかたの れい

たてに 2すすむよ。

よこに 2すすむよ。⛄ を とおりぬける ことは できるよ。

⛄2 からの ただしくない すすみかたの れい

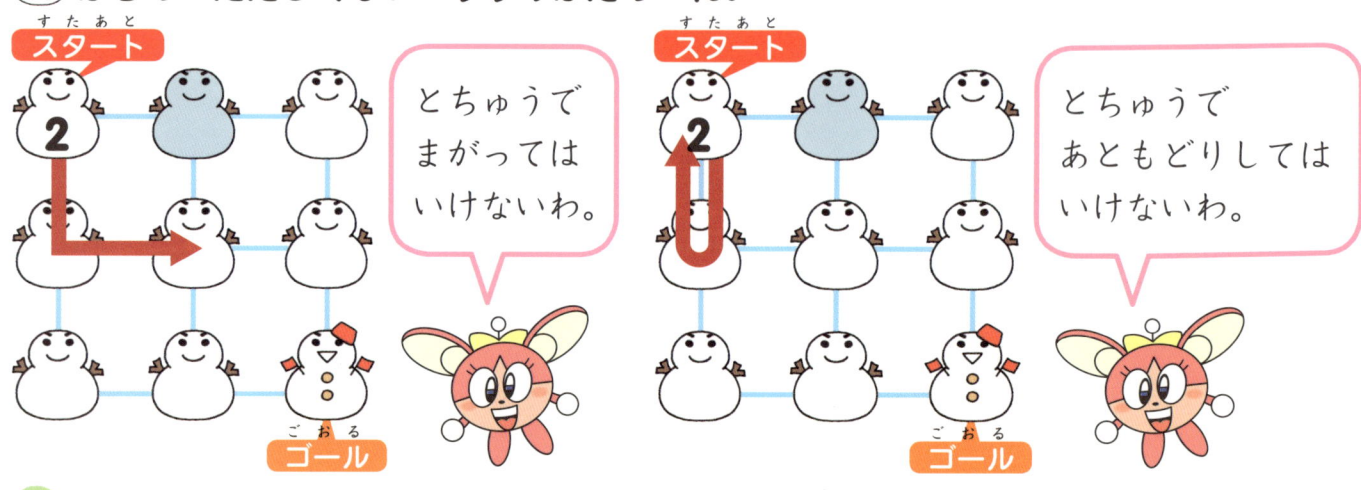

とちゅうで まがっては いけないわ。

とちゅうで あともどりしては いけないわ。

1

スタート から ゴール まで すすみましょう。すすみかたが わかるように → を かきましょう。

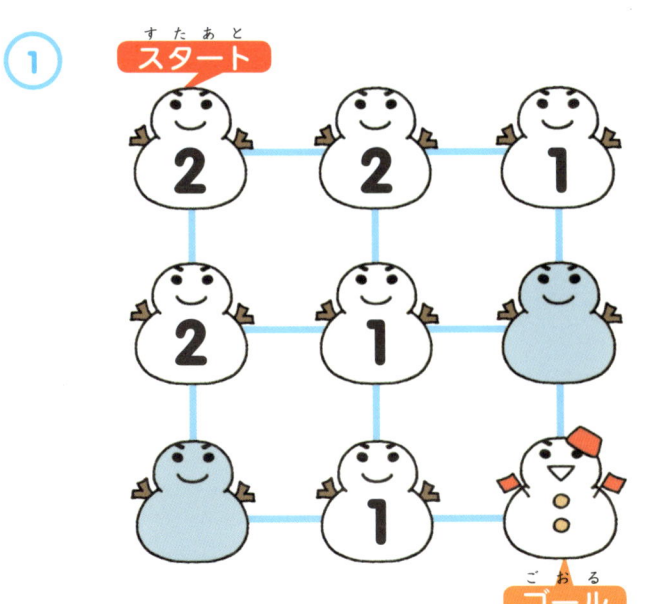

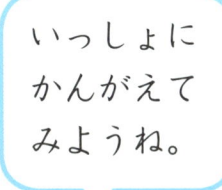

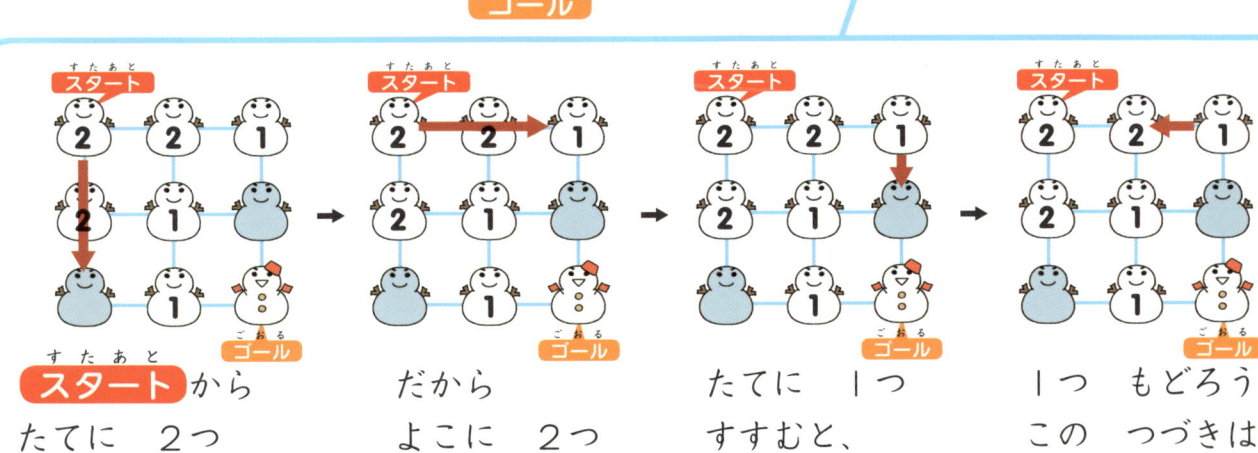

①

いっしょに かんがえて みようね。

スタート から たてに 2つ すすむと ☃ に とまるから だめだ。

だから よこに 2つ すすむよ。

たてに 1つ すすむと、☃ で だめ。

1つ もどろう。 この つづきは かんがえてね！

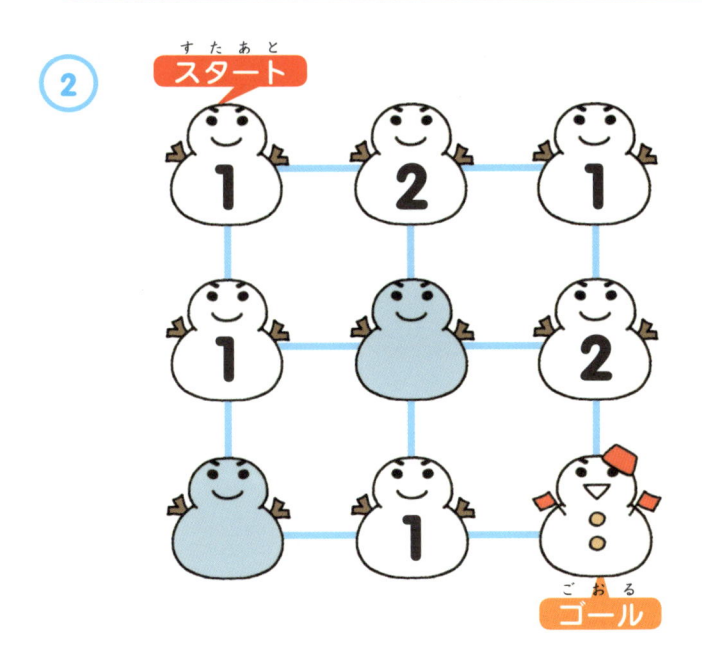

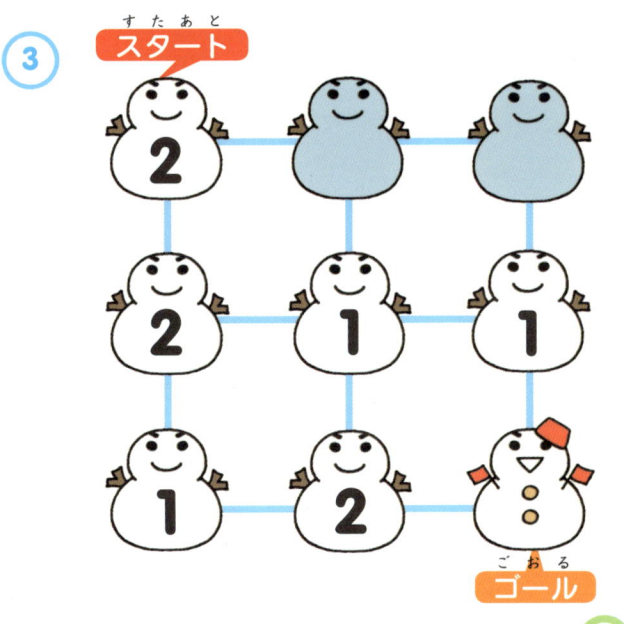

②

③

おに たいじ

レベル ★★

きまり

みんなで「まとあて ゲーム」を します。
1. 3にんが ボールを 3こずつ まとに なげます。
2. ボールが まとに あたると、おにが 「ガオー」と 1かい ほえます。
3. ボールが あたった ところに かいてある ⚀⚁⚂⚃ を あわせると、その ひとの とくてんに なります。

1

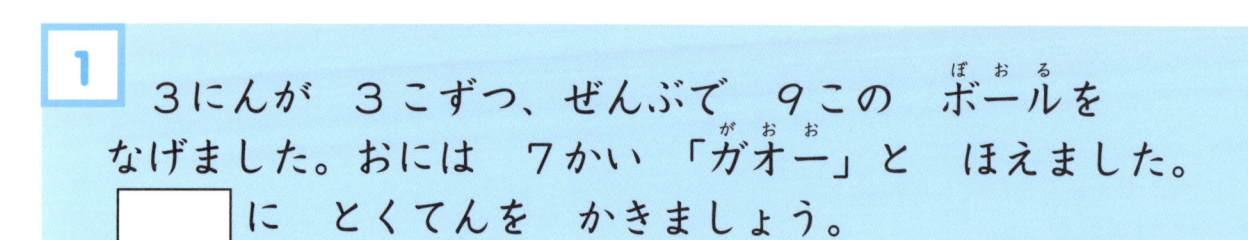

3にんが 3こずつ、ぜんぶで 9この ボールを なげました。おには 7かい「ガオー」と ほえました。☐に とくてんを かきましょう。

ぼくは 🔵を なげたよ。
2この ボールが あたったよ。
とくては 4てんだよ。

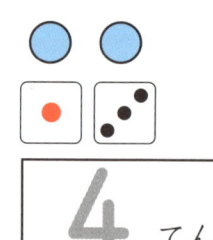

→ 4てん

わたしは 🟠を なげたわ。
3この ボールが あたったわ。

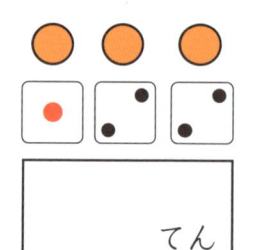

→ ☐てん

ぼくは 🟢を なげたよ。
2この ボールが あたったよ。

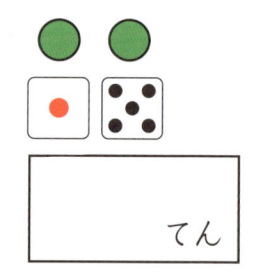

→ ☐てん

まとから はずれたのは、この 2この ボールだよ。

2 3にんが 3こずつ、ぜんぶで 9この ボールを なげました。おには 6かい 「ガオー」と ほえました。
☐には シールを はりましょう。
▭には とくてんを かきましょう。おにの えの ○には いろを ぬってね。

ぼくは ●を なげたよ。
てんすうは 3にんとも おなじだったよ。

わたしは ●を なげたわ。
3この ボールが あたったわ。

わたしは ●を なげたわ。
1この ボールが あたったわ。

きらきら おほしさま

レベル ★★★

きまり

「ほしならべ ゲーム」を しましょう。

① ⭐⭐⭐⭐⭐⭐ の 6この おはじきを ならべます。

② よこに 1れつ ならぶと、あめを 1こ もらえます。
たてに 1れつ ならぶと、あめを 2こ もらえます。
ななめに 1れつ ならぶと、あめを 3こ もらえます。

③ あめの かずが おおい ひとが、かちです。

もらえる あめの かずは、みぎのように なるよ。

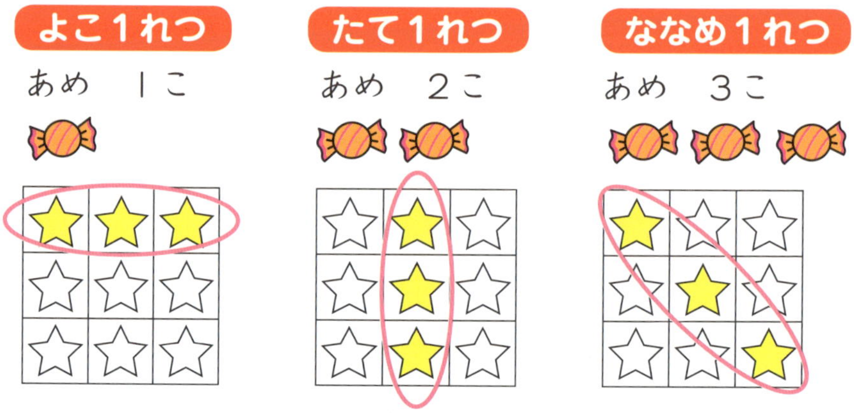

よこ1れつ あめ 1こ
たて1れつ あめ 2こ
ななめ1れつ あめ 3こ

1 ひかるくんは あめを なんこ もらえるでしょう。

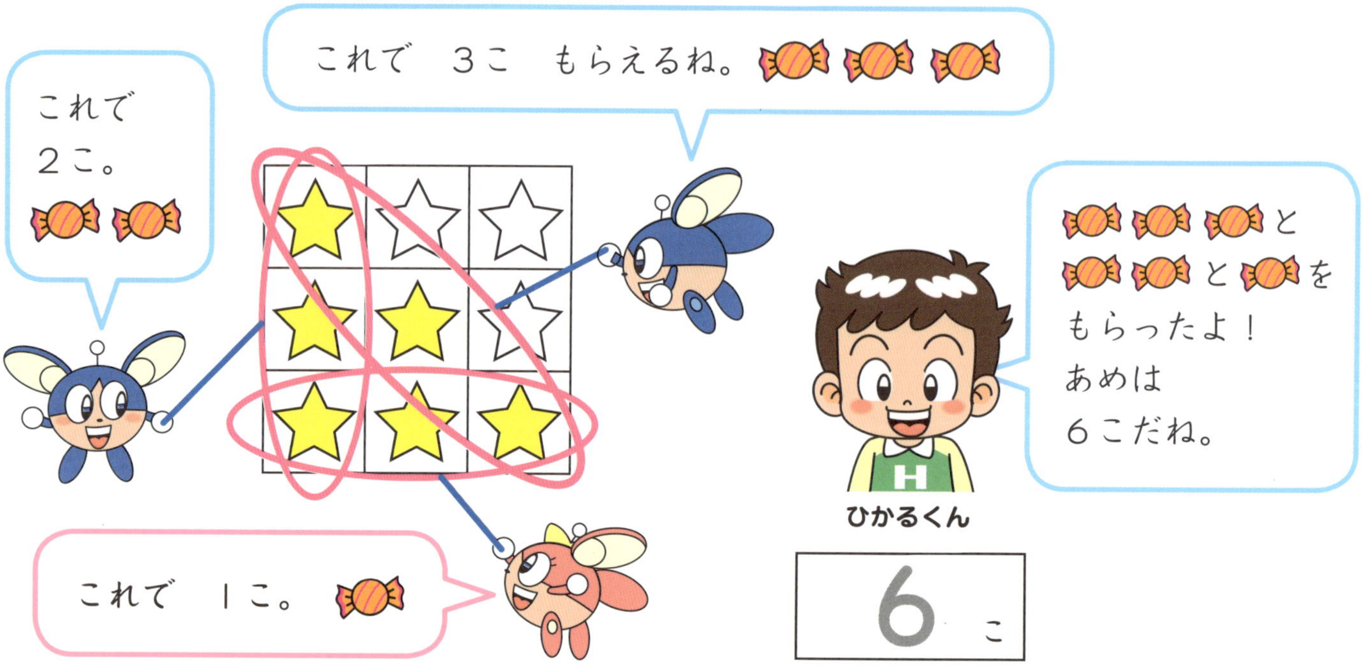

これで 2こ。
これで 3こ もらえるね。
これで 1こ。

🍬🍬🍬 と 🍬🍬 と 🍬 を もらったよ！
あめは 6こだね。

ひかるくん

6 こ

2 えりちゃんと げんちゃんは あめを なんこ もらえるでしょう。

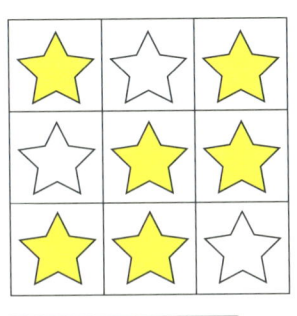

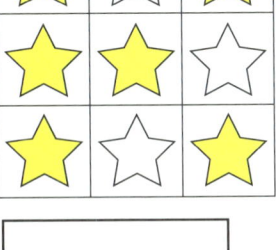

① えりちゃん ☐ こ

② げんちゃん ☐ こ

3 さやかちゃんも たくみくんも あめを 2こ もらいました。あてはまる ☆に いろを ぬりましょう。

あと 2こ ☆を ぬってね。 さやかちゃん

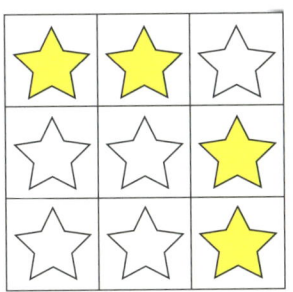

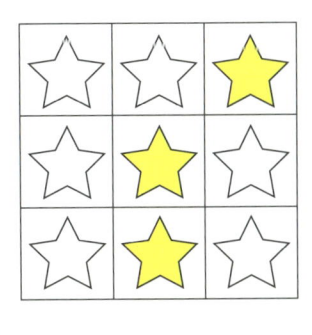

あと 3こ ☆を ぬってね。 たくみくん

4 なおきくんは あめを 7こ もらって、しおりちゃんに かちました。あてはまる ☆に いろを ぬりましょう。しおりちゃんの あめの かずを かきましょう。

あめが 7こ。ぼくの かち！ なおきくん 7 こ

なおきくんより あめが すくないわ。 しおりちゃん ☐ こ

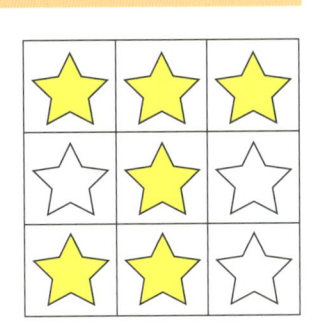

55

おおきさ くらべ

レベル ★★

きまり

□と □の あいだに、かずの おおきさを くらべる きごう 〉 ＝ 〈 が かいてあります。
① 〉と 〈は、くちが ひらいている ほうが おおきい かずです。
② ＝は、おなじ かずです。

くちが ひらいている ほうが おおきい かずよ。

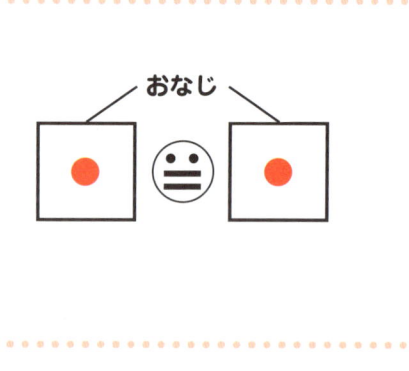

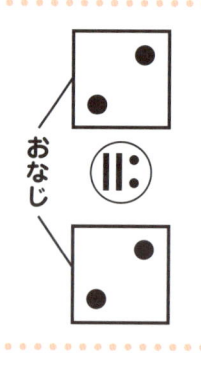

・は ・より おおきくて、・は ・より おおきいよ。

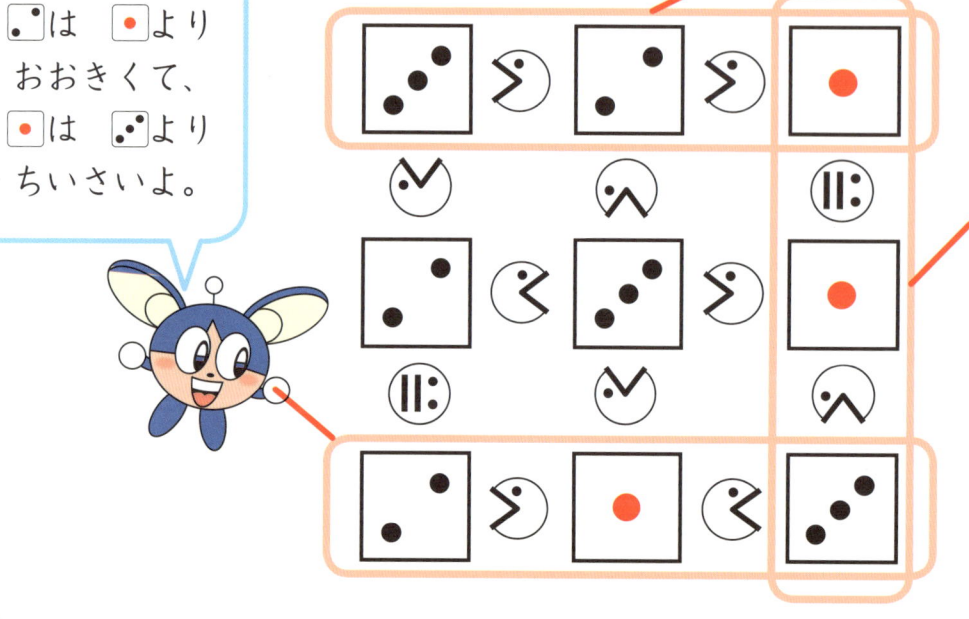

・は ・より おおきくて、・は ・より ちいさいよ。

・と ・は おなじで、・は ・より ちいさいわ。

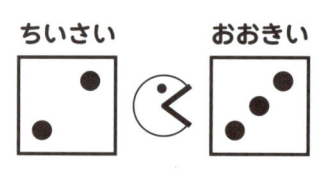

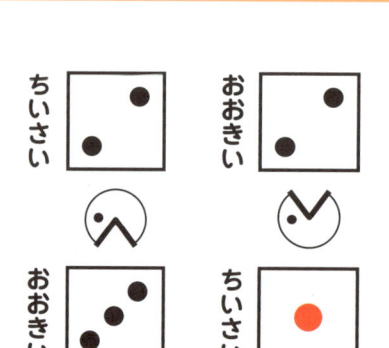

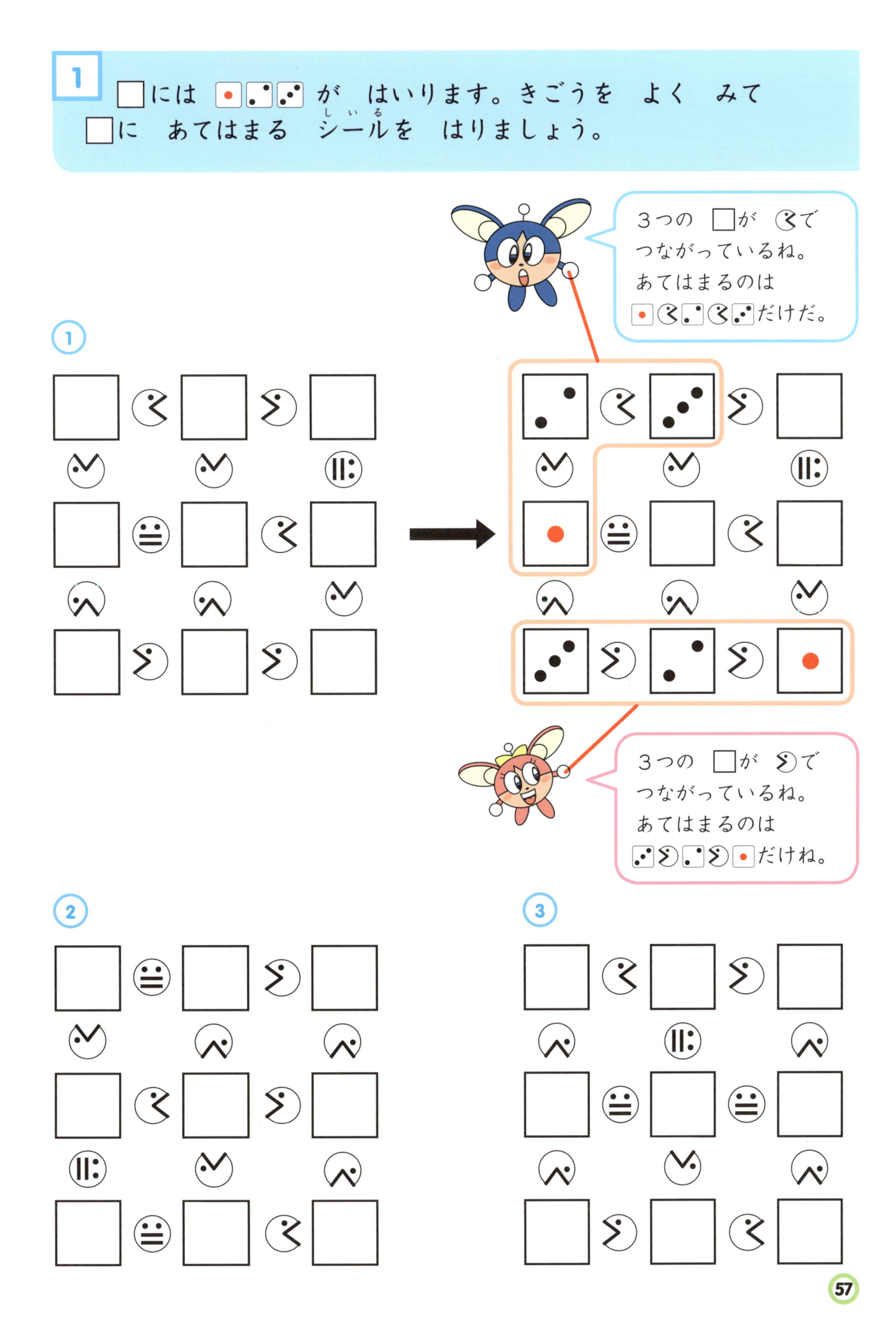

1

☐ には ⚀⚁⚂ が はいります。きごうを よく みて ☐ に あてはまる シールを はりましょう。

①

3つの ☐ が ⊂ で つながっているね。
あてはまるのは ⚀⊂⚁⊂⚂ だけだ。

3つの ☐ が ⊃ で つながっているね。
あてはまるのは ⚂⊃⚁⊃⚀ だけね。

②

③

はちのす めいろ

レベル ★★★

きまり

「はちのす めいろ」に ちょうせんしましょう。

1. スタートの 1から ゴールの かずまで、すべての かずを 1かいずつ とおります。おなじ かずを 2かい とおっては いけません。
2. 🐝の ところは とおれません。

1から 5までの かずを 1つずつ とおっているよ。
🐝は とおれないよ。

1

1から 8までの かずを 1かいずつ とおりましょう。

1, 2, 3, 4, 5, 6, 7, 8を とおるよ。

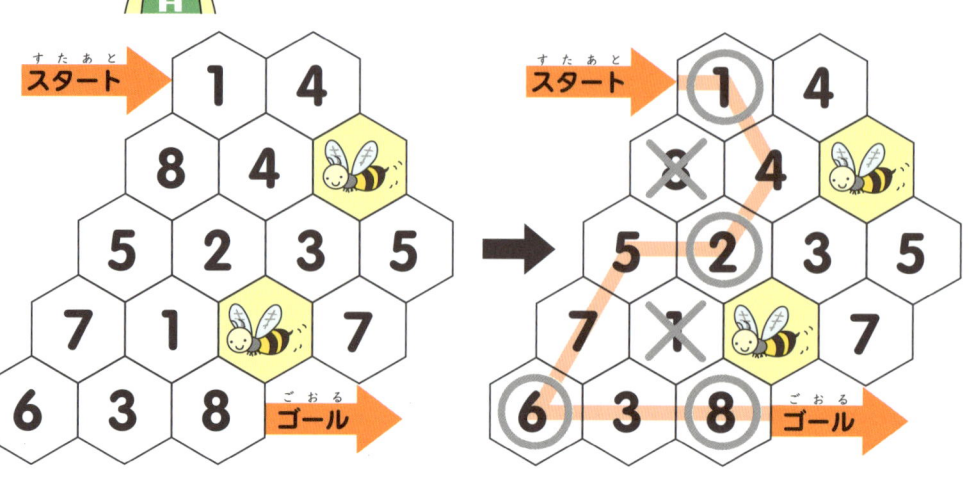

スタートの 1と ゴールの 8は とおると わかっているから ○を かこう。そのほかの 1と 8には ×を かこう。

2と 6は 1つずつしか ないから かならず とおるわ。○を かこう。

2 1から 12までの かずを 1かいずつ とおりましょう。

① 1, 2, 3, 4, 5, 6, 7, 8, 9, 10, 11, 12を とおるわ。

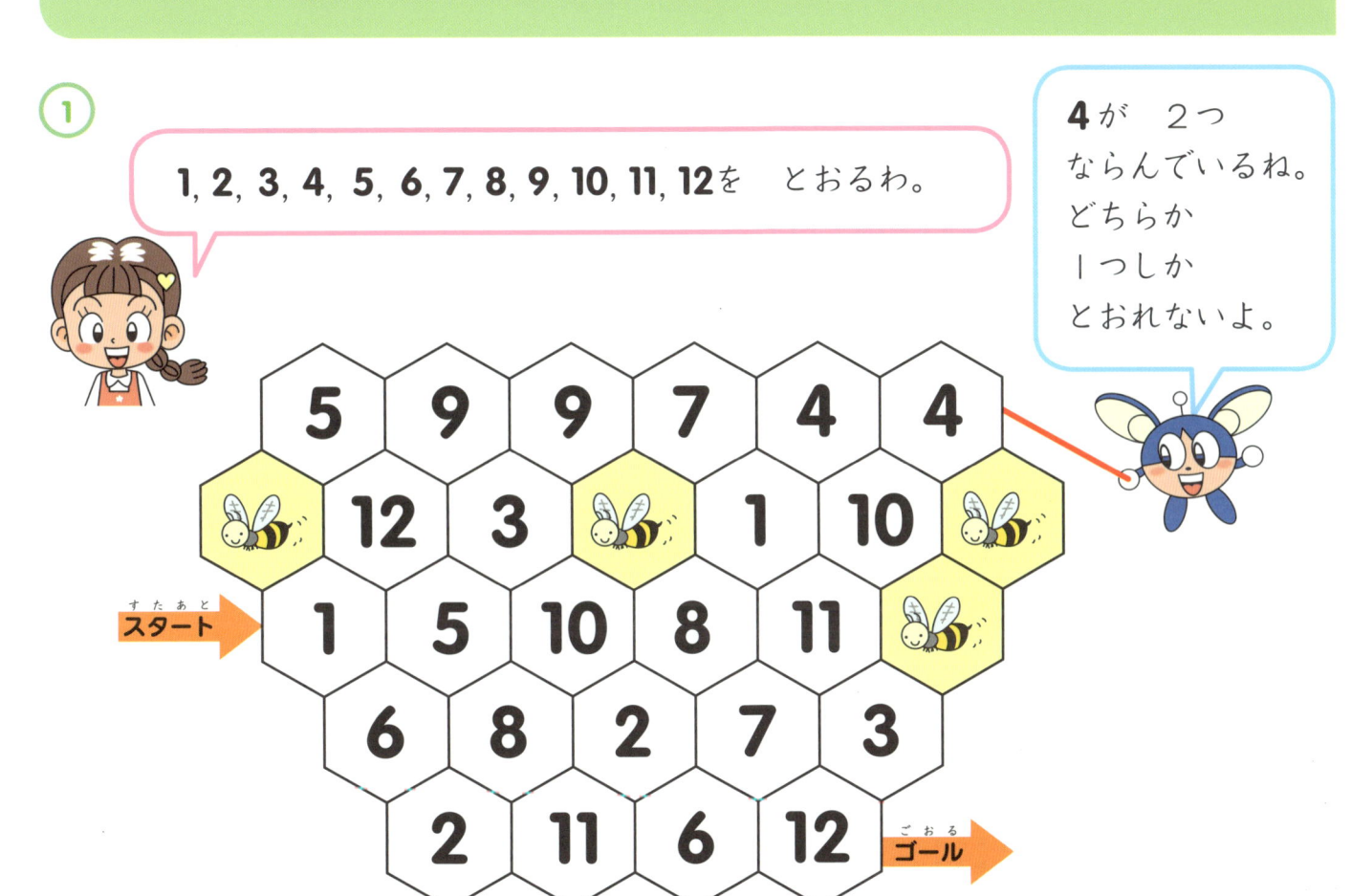

4が 2つ ならんでいるね。どちらか 1つしか とおれないよ。

② 1, 2, 3, 4, 5, 6, 7, 8, 9, 10, 11, 12を とおるよ。

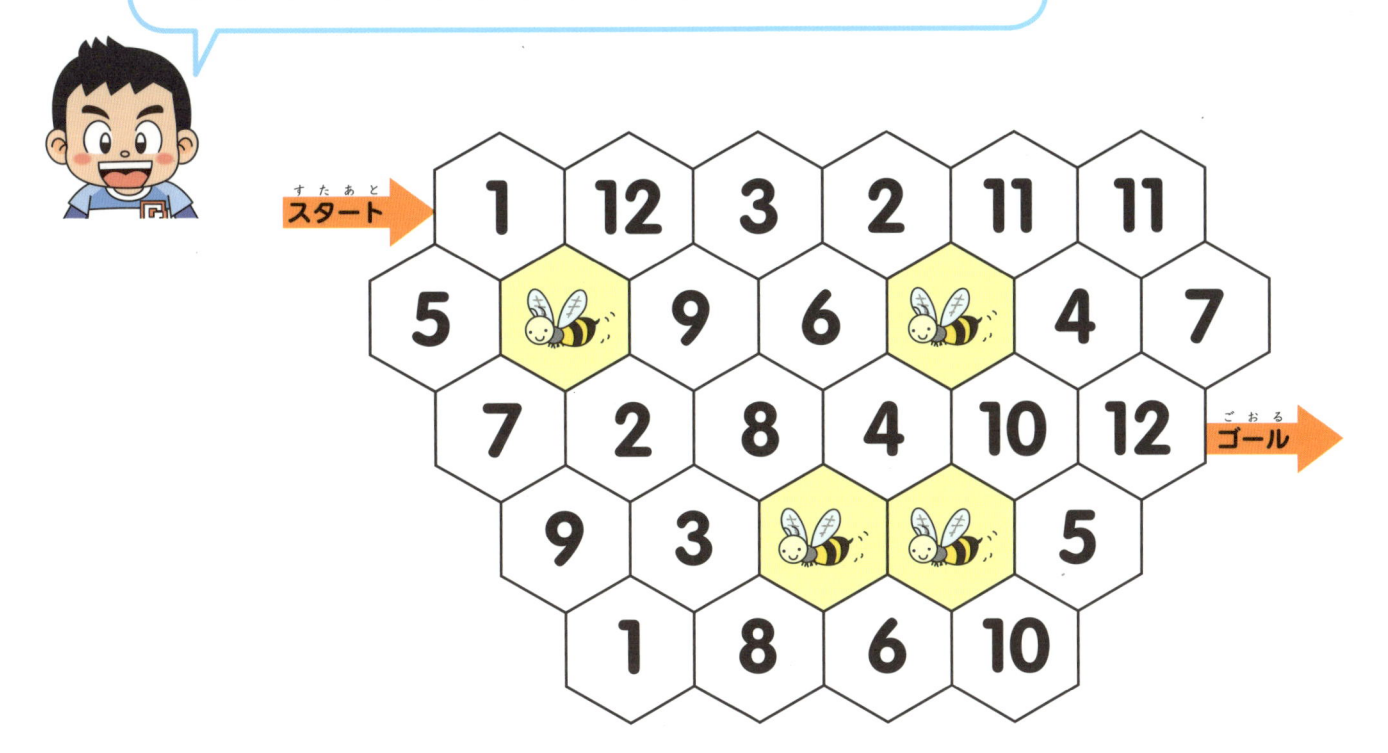

グルグル まわれ

レベル ★

きまり

「グルグル まわれ ゲーム」を やりましょう。

① 1, 2, 3, … と ばんごうを つけた いすと、ばんごうの ない くろい いす●を まるく ならべます。

② ①の ばんごうの いすから スタートします。ばんごうの かずだけ とけいまわり↷に すすんで すわります。すわった ばんごうの かずだけ また ↷に すすみます。

③ ばんごうが かいてある すべての いすに すわって、①に もどる ことが できると、しょうひんが もらえます。①に もどれないと、しょうひんは もらえません。

④ ●に すわると、ゲームは おわりです。しょうひんも もらえません。

まわりかたの れい

3だから、とけいまわり↷に 3つ すすむよ。

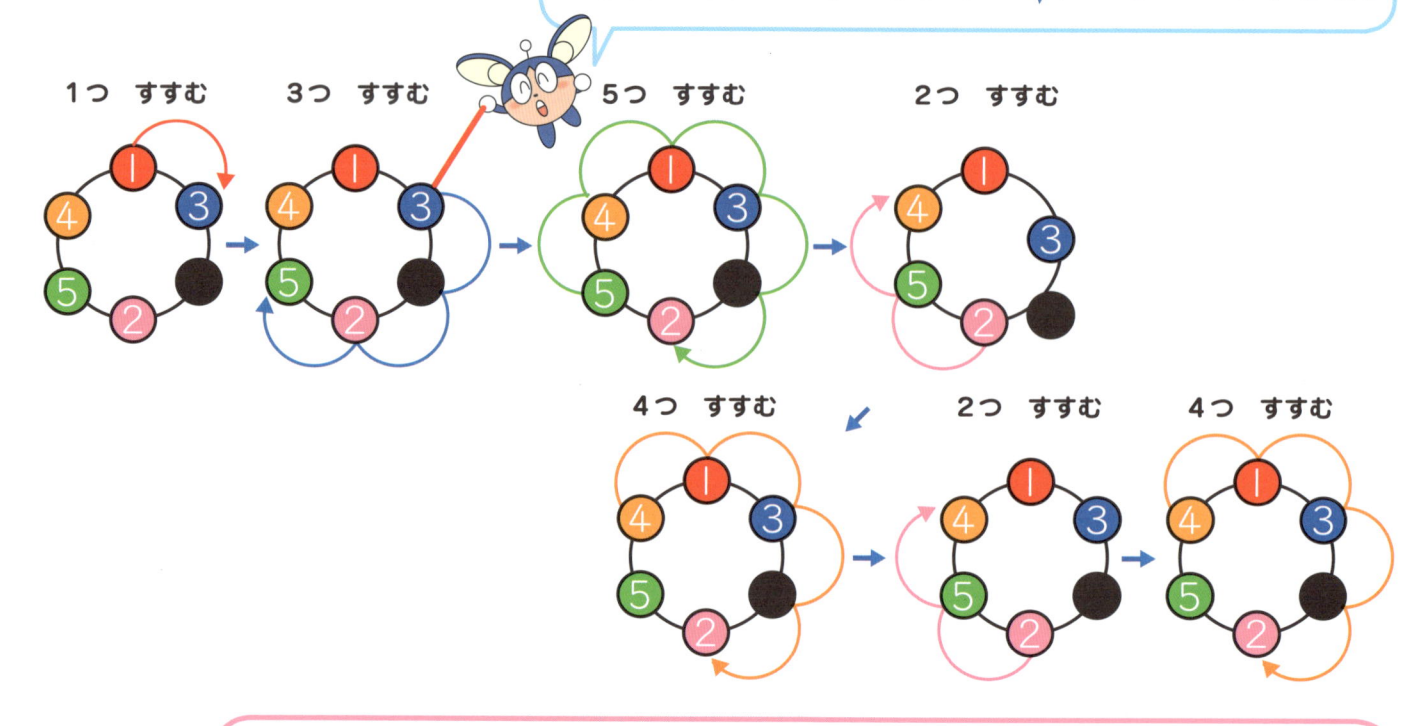

1つ すすむ → 3つ すすむ → 5つ すすむ → 2つ すすむ

4つ すすむ → 2つ すすむ → 4つ すすむ

②から、2つ すすむと、また ④に すわってしまうわ。
④→②→④→②→の くりかえしに なって、①に もどれないのよ。

1

5この いすを ならべて ゲームを しました。ふたりとも しょうひんを もらえました。どんな じゅんばんで いすに すわったのかな。○を あてはまる いろで ぬりましょう。

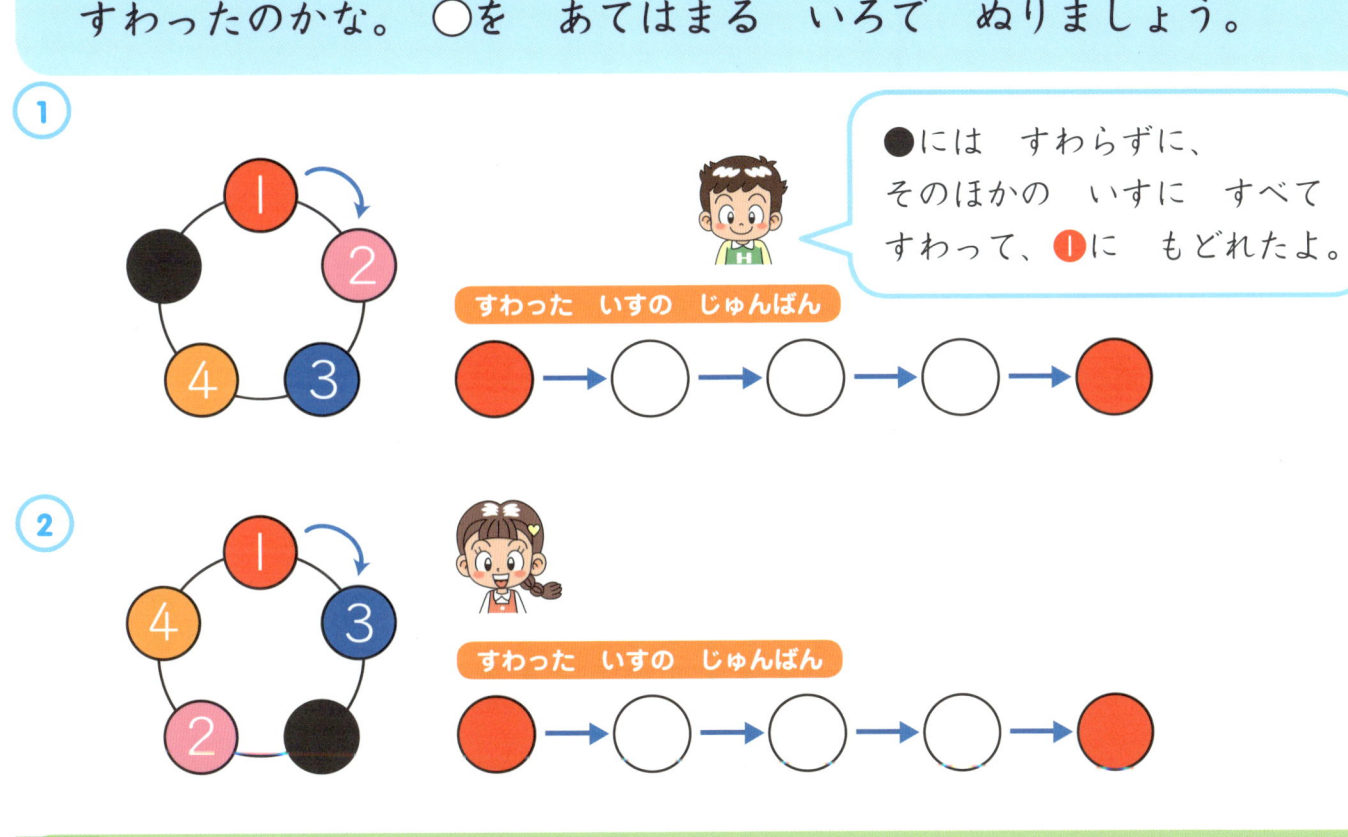

①

●には すわらずに、そのほかの いすに すべて すわって、①に もどれたよ。

すわった いすの じゅんばん

● → ○ → ○ → ○ → ●

②

すわった いすの じゅんばん

● → ○ → ○ → ○ → ●

2

3にんは、7この いすを ならべました。3にんの なかで しょうひんを もらえたのは だれかな。□に あてはまる シールを はりましょう。

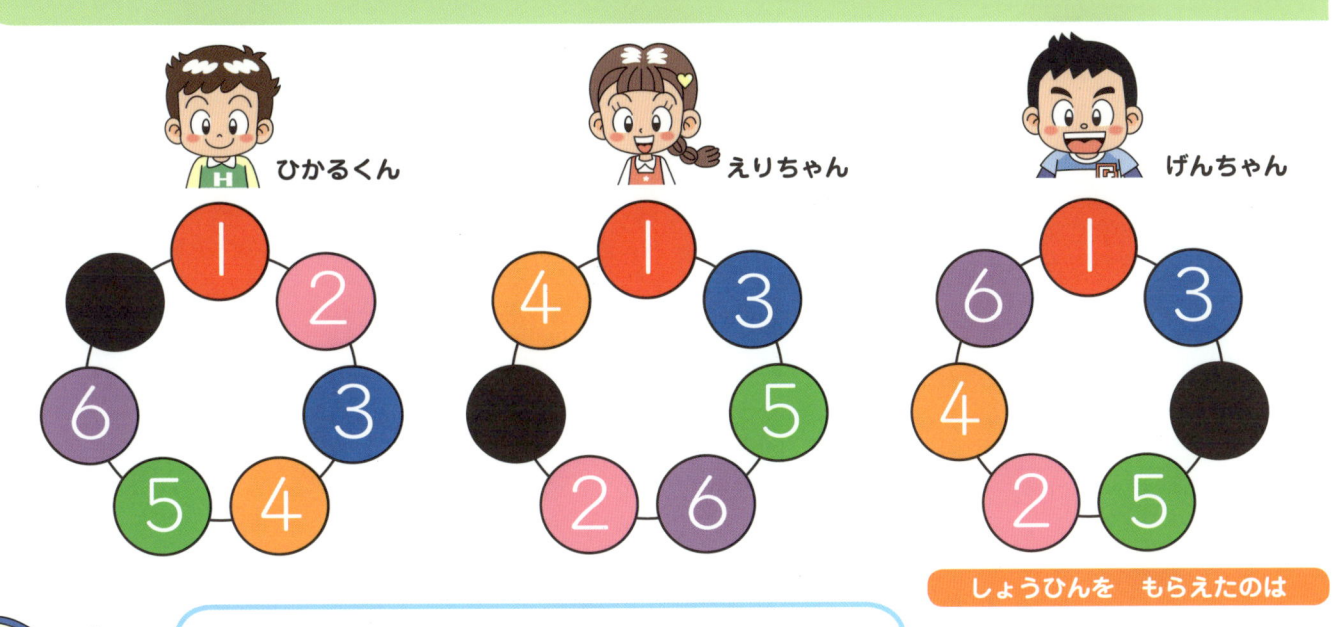

ひかるくん　　えりちゃん　　げんちゃん

①から ⑥の いす ぜんぶに すわって、①に もどるんだよ。●に すわったら、その さきには すすめないよ。

しょうひんを もらえたのは

シールを はろう

かずいれ パズル

きまり

「かずいれ パズル」を しましょう。
♡が 1こだけ ある れつには、
1が 1こだけ はいります。
♡が 2こある れつには、1, 2の
2この すうじが はいります。
♡が 3こある れつには、1, 2, 3の
3この すうじが はいります。

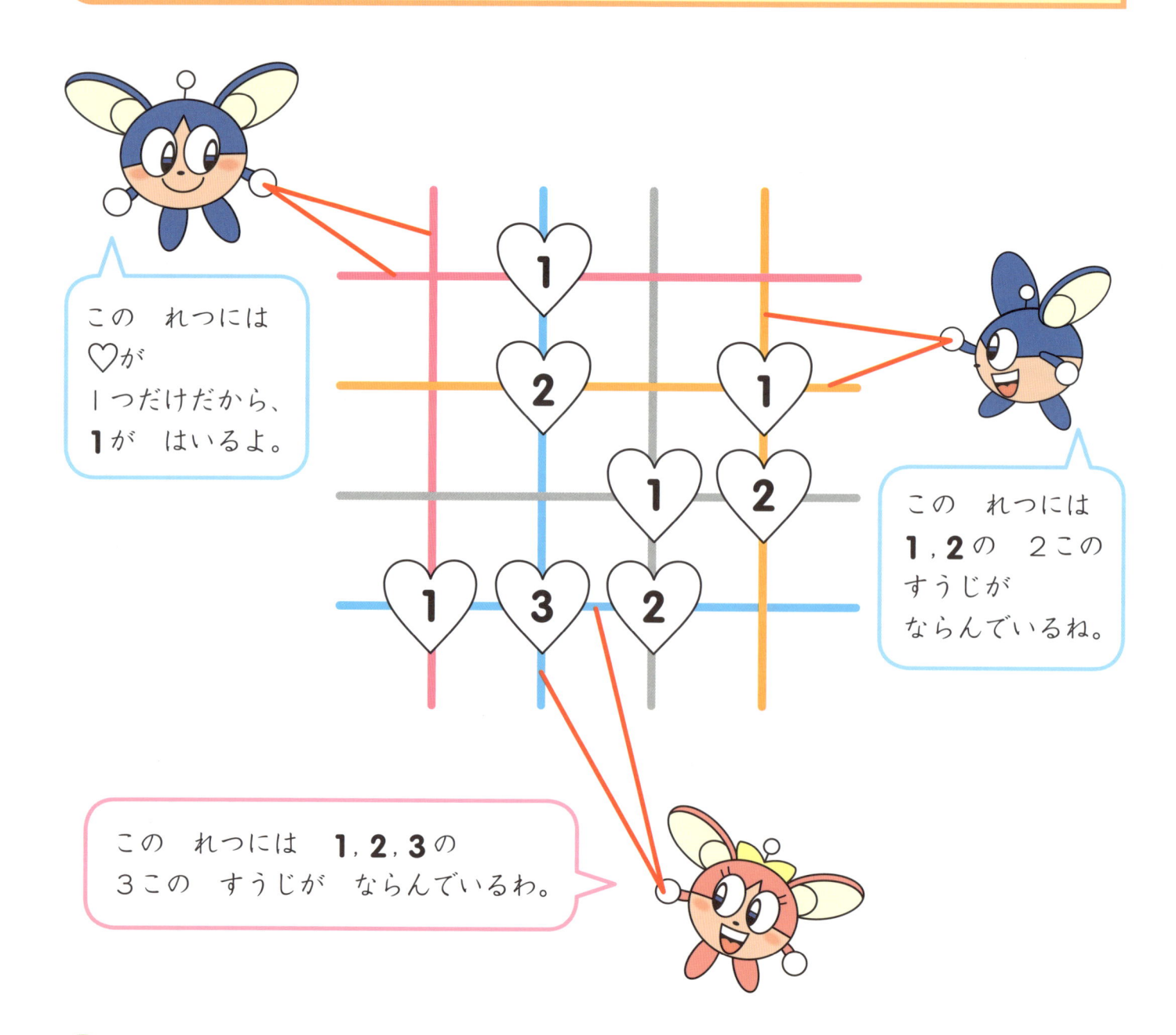

この れつには
♡が
1つだけだから、
1が はいるよ。

この れつには
1, 2の 2この
すうじが
ならんでいるね。

この れつには 1, 2, 3の
3この すうじが ならんでいるわ。

1 1, 2, 3の すうじを ♡に かきましょう。

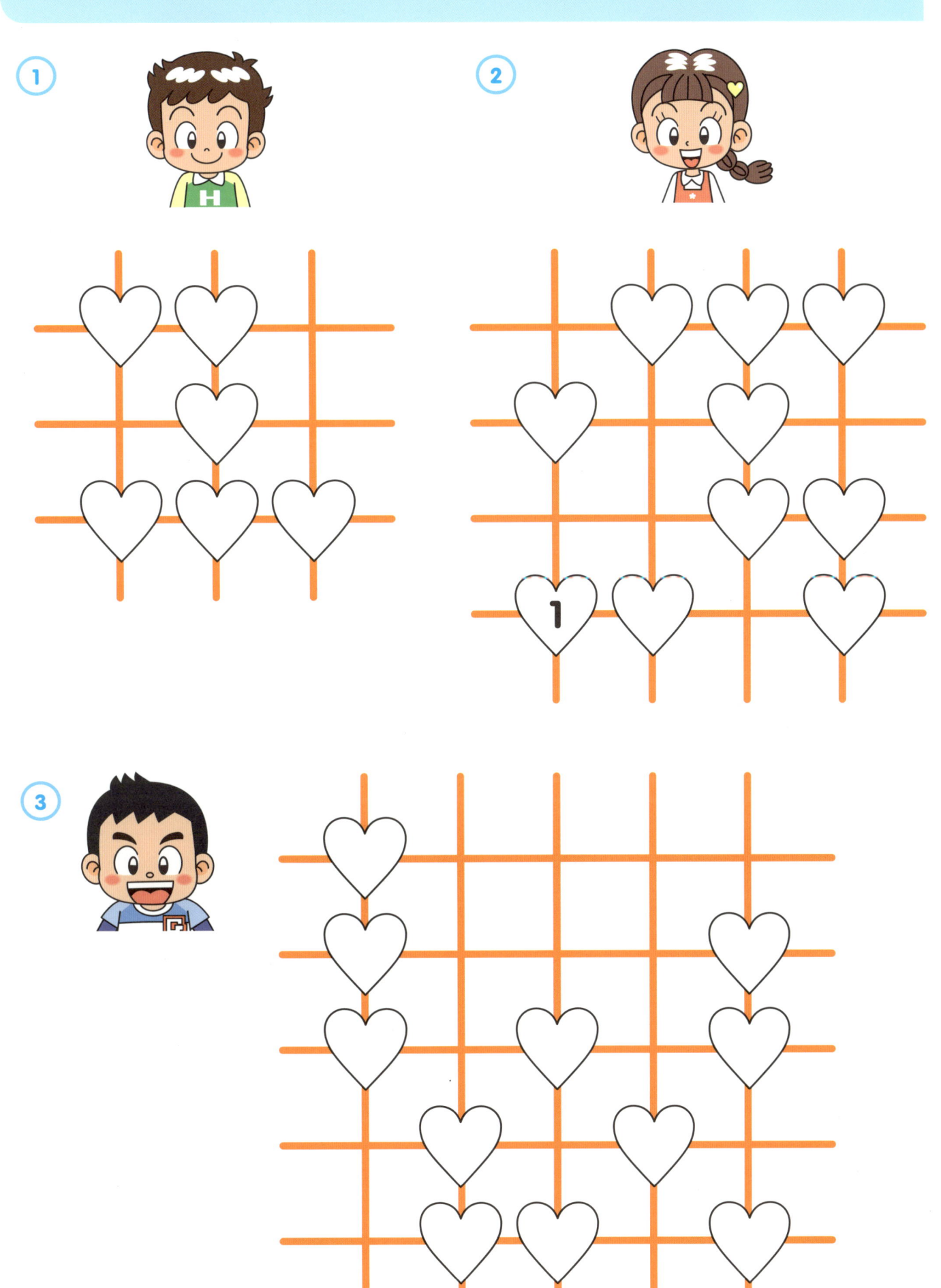

①

②

③

著者
サピックス小学部 (www.sapix.com)

「思考力・記述力の育成」を教育理念に掲げ、1989年に創立。小学1年生から6年生のための進学教室。現在、首都圏及び関西エリア40か所以上に教室を展開。最難関中学校に抜群の合格実績を誇る。「復習中心の学習法」「討論形式の授業」などの独自のメソッド及びカリキュラム、教材、少人数制のきめ細かい学習指導・進路指導に定評があり、保護者の絶大な支持を得ている。また、国内外の1年生から3年生までを対象とした通信教育「ピグマキッズくらぶ」（www.pigmakidsclub.com）・学童保育「ピグマキッズ」（pigmakids.com）・幼児教室「サピックスキッズ」（sapixkids.sapix.com）も開講している。

執筆協力
TWO-WAY
(two-way.co.jp)

文京区にある、中学受験・内部進学のための個別指導教室。柔軟な思考力・問題解決能力を養成する算数パズルを研究・開発し、算数オリンピックをはじめ、各種テキスト・パズルブック等に問題を提供している。

スタッフ
キャラクターイラスト：牧野タカシ　本文イラスト：たきりねこ
装丁：ニシ工芸株式会社（岩上トモコ）　本文デザイン：bright light、鈴木大介　校閲：別府由紀子

きらめき算数脳　入学準備～小学1年生 かず・りょう

編集人	青木英衣子
発行人	倉次辰男
発行所	株式会社主婦と生活社
	〒104-8357 東京都中央区京橋3-5-7
	https://www.shufu.co.jp
印刷・製本	図書印刷株式会社

Ⓡ 本書を無断で複写複製（電子化を含む）することは、著作権法上の例外を除き、禁じられています。本書をコピーされる場合は、事前に日本複製権センター（JRRC）の許諾を受けてください。また、本書を代行業者等の第三者に依頼してスキャンやデジタル化をすることは、たとえ個人や家庭内の利用であっても一切認められておりません。
※ JRRC https://jrrc.or.jp　メール：jrrc_info@jrrc.or.jp
　　電話：03-6809-1281

この本に関するお問い合わせ

問題・解答の内容、およびサピックス小学部に関する資料請求については、こちらにお電話ください。

サピックス小学部　☎ 0120-3759-50
［11:00～17:00］ 日曜・祝日をのぞく。

落丁・乱丁については　☎ 03-3563-5125（生産部）
本のご注文については　☎ 03-3563-5121（販売部）
編集内容については　☎ 03-3563-5211（編集部）

ISBN978-4-391-14525-0

落丁、乱丁、その他不良品はお取り替えいたします。

© SAPIX2014　Printed in Japan

本書は、「朝日小学生新聞」および「さぴあ」に掲載された問題をもとに構成しました。

きらめき算数脳

サピックスブックス
サピックスの通信教育

入学準備〜小学1年生
かず・りょう

解答

SAPIX
サピックス
SAPIX YOZEMI GROUP

保護者のみなさまへ

本シリーズの特色とねらい

● 「自分で考える力」を試す問題集

　本書は、サピックスの通信教育『ピグマシリーズ』と同様に、お子様に数や図形のおもしろさや、考えることの楽しさを味わってもらうことを主眼に置いて編集されています。問題の題材には、さいころやカードを使ったゲーム、折り紙、積み木など、子どもたちの身近にあるものや興味・関心をひくものを多く取り上げ、数や図形、推理、論理的思考といった算数の世界に自然に入っていけるように工夫してあります。知識や計算方法を身につけるための問題ではなく、「どれだけ自分の頭で考えられるか」を試す問題を収録し、算数の本質的な考え方を身につけることをめざした問題集です。

● 最高レベルの問題を厳選

　就学時期のお子様にとっての最高レベルの問題を収集していることも、本書の大きな特長です。お子様はページを開くごとに、「今度は何をするのだろう」という新鮮な気持ちで問題に向き合うことができ、大いに知的好奇心を刺激されるでしょう。また、問題文を読んでその意図を正しく理解する「算数読解力」が養われます。さらに自分の頭で理論的に考えを進めて問題を解決することで、達成感を味わうこともできます。

● 中学入試にもつながる高度な学力の根幹を築く

　本書は、サピックスの長年にわたる中学受験指導と入試問題研究の成果をもとに編集されています。一見、パズルのような問題ばかりのように感じられるかもしれませんが、最近の中学入試では、解き方を覚えただけでは対応できない、試行錯誤しながら自分で解決の糸口を見つけて解いていかなければならないような問題がよく出題されるようになっています。したがって、本書を学習することによって、中学入試にも対応できる高度な学力の根幹を築くことができます。

効果的に学習するためのガイダンス

1　最初に、テキストの目次の欄に学習予定日を記入し、計画を立てて学習を進めましょう。あまり無理な計画は立てずに、根気よく学習を続けましょう。

2　色を塗って答える問題も多いので、色鉛筆などを用意しましょう。シールを貼る問題では、該当するシールを台紙からはがし、試行錯誤しながら貼っていきましょう。実際に手を動かして作業してみることで、問題の意図や考え方をより深く理解することができます。

3　問題文の意図をつかむ読解力を身につけることも大きなねらいの１つです。本書にはお子様が親しみを持てるキャラクターたちが登場し、ゲームをしているという設定の問題が多くなっています。条件の複雑な問題もありますが、「きまり」や問題をお子様といっしょに声に出して読んで、問題の意図を正しく理解して学習を進めましょう。

4　問題を解くのにかかる時間は、お子様によって異なるものです。急がせることなく、十分な時間を与えて、１問１問にじっくり取り組むようにしてください。また、必ずしもその日のうちにできなくてもかまいません。どうしても解けないときは、何日かおいてから再挑戦してみましょう。

5　テキストのタイトルの左には、☆・☆☆・☆☆☆の３段階で、その見開き２ページの問題のレベルを表示してあります。☆の数が増えるほど難度の高い問題になります。どのページも、問題番号が進むにつれて条件の複雑な問題になっています。☆の数は、そのうちの最後の問題のレベルを表していますが、①②と順番に解いていけば、そのページの問題を解くために必要な考え方が自然に身につき、一番難度の高い最後の問題が解けるように工夫してあります。

☆　はじめはお子様ひとりで取り組ませたい問題

　算数パズルやゲーム形式の問題にはじめて取り組むお子様には少し難しく感じるかもしれませんが、シールや色塗りなどの工夫で、十分楽しめるレベルになっています。はじめはこのレベルの問題から挑戦してみましょう。

☆☆　チャレンジする姿勢が問われる問題

　思考力問題をある程度解いたことのあるお子様でも難しく感じられるかもしれません。楽しく、そして粘り強く「考える」練習を続けて、思考力アップをめざしましょう。

☆☆☆　最高レベルの思考力問題

　思考力問題の得意なお子様にとっても難度の高い問題です。「じっくり考えて自分の力で解いてみよう」という意欲がわくような雰囲気作りが大切です。「このレベルがクリアできたら天才！」というまなざしが、お子様の意欲を引き出します。

6　見開き２ページ分の問題をひと通り解き終えたら、親子で答え合わせをしましょう。最終的な答えが合っているかどうかだけにとらわれず、解答が出るまでの努力した過程を評価してあげてください。たとえ答えが間違っていたとしても、良かった点を見つけて、ほめてあげるようにしましょう。もし間違えていた場合は、ポイントとなるキャラクターのセリフをいっしょに読みあげるなどして、お子様に説明してあげてください。そしてある程度時間をおいてから、もう一度挑戦してみるとよいでしょう。終わったページには、□に「きらめきシール」を貼っていきましょう。シールの貼られたページが増えることは、お子様の自信にもつながります。

目次

お子様の学習の進み具合・理解度の確認に、チェック欄をご利用ください。

チェック	テキストページ	タイトル	解答ページ
/	4 5 ★★	1れつに ならべよう	4
/	6 7 ★	わくを おこう	4
/	8 9 ★★	しきりを いれよう	5
/	10 11 ★	すうじ めいろ	5
/	12 13 ★★	カードを あつめよう	6
/	14 15 ★★	あか・あお・きの かさ	6
/	16 17 ★	キャンデーを わけよう	7
/	18 19 ★	いちごつみ めいろ	7
/	20 21 ★	あなを うめて すすもう	8
/	22 23 ★	なつやすみの けいかく	8
/	24 25 ★★	きんぎょすくい たいかい	9
/	26 27 ★★	くしざし パズル	9
/	28 29 ★	かずあわせ ゲーム	10
/	30 31 ★	くだもの あわせ	10
/	32 33 ★★★	なげなわ ゲーム	11

チェック	テキストページ	タイトル	解答ページ
/	34 35 ★★	くりひろい めいろ	11
/	36 37 ★★	たまいれ ゲーム	12
/	38 39 ★★	なんこ たべた？	12
/	40 41 ★	あわせて 5！	13
/	42 43 ★	りんごを いれよう	14
/	44 45 ★★★	むかいあわせ パズル	14
/	46 47 ★★	おしょうがつ すごろく	15
/	48 49 ★★	へいたい ならべ！	15
/	50 51 ★	ゆきだるま めいろ	16
/	52 53 ★★	おに たいじ	16
/	54 55 ★★★	きらきら おほしさま	17
/	56 57 ★★	おおきさ くらべ	17
/	58 59 ★★★	はちのす めいろ	18
/	60 61 ★	グルグル まわれ	18
/	62 63 ★★	かずいれ パズル	19

| レベル ★★ | 1れつに ならべよう | 4・5ページ |

条件を整理する問題です。重なりから考えることができるかがポイントです。

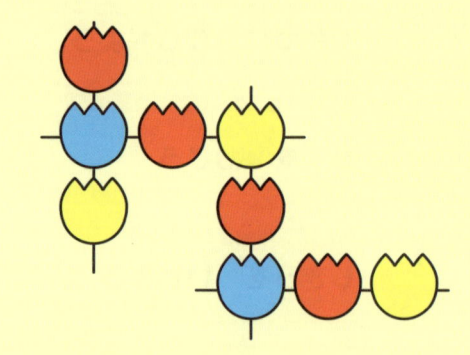

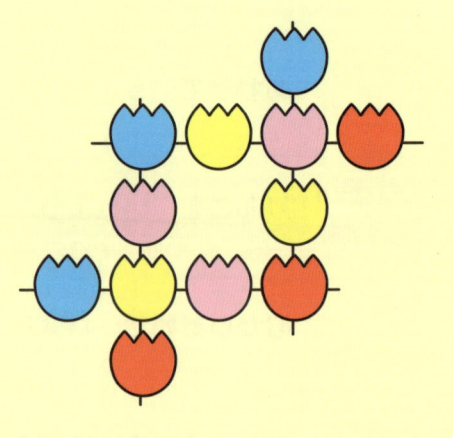

| レベル ★ | わくを おこう | 6・7ページ |

配置を考えるパズルです。いろいろな置き方を試しましょう。

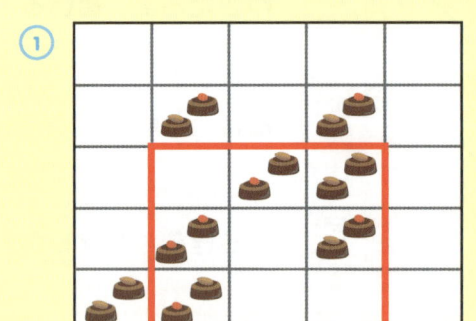

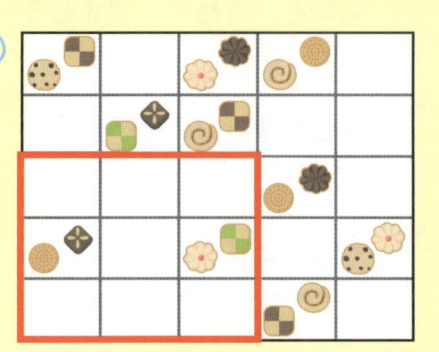

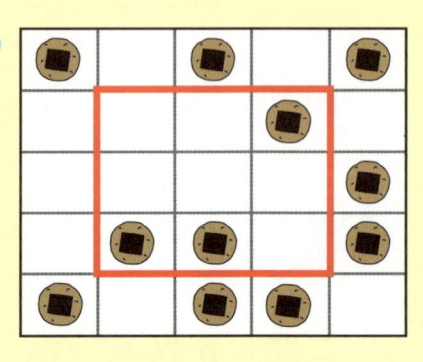

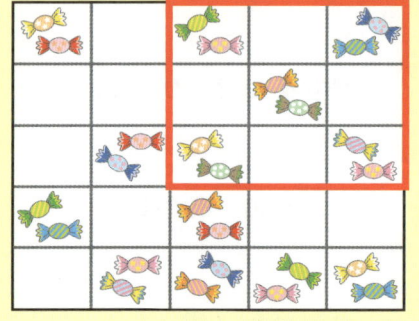

きらめき算数脳 入学準備～小学1年生 かず・りょう　解答

レベル ★★　しきりを いれよう　8・9ページ

配置を考える問題です。🐟は4匹、🐟は3匹、🐟は1匹という数の違いに注目しましょう。

1
① **5**まい
② **7**まい

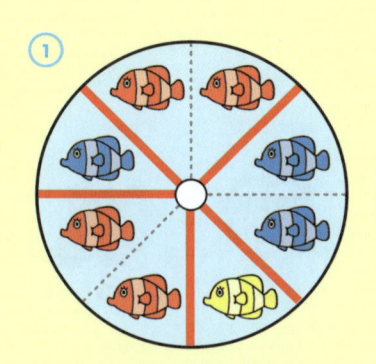

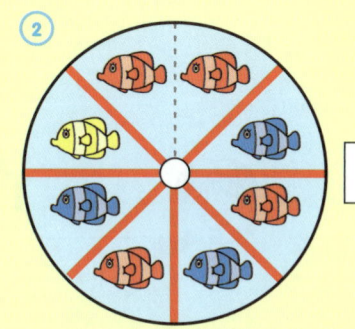

2
① 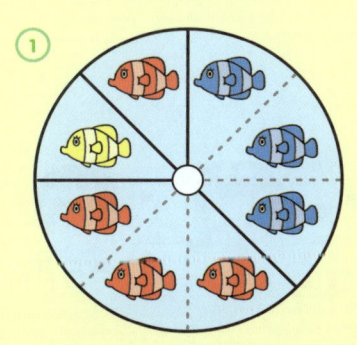
②

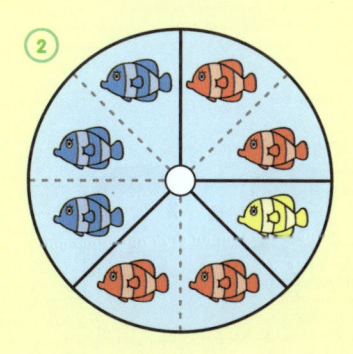

レベル ★　すうじ めいろ　10・11ページ

数字を順にたどる「数字めいろ」です。途中で先に進めなくなっても、あきらめずにゴールをめざしましょう。

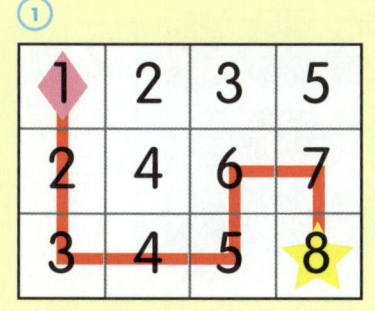

1
① ② ③

2

きらめき算数脳 入学準備〜小学1年生 かず・りょう　解答

レベル★★　カードを あつめよう　12・13ページ

数の合成の問題です。もし○○くんが○○のカードだったら…と仮定して考えていきましょう。

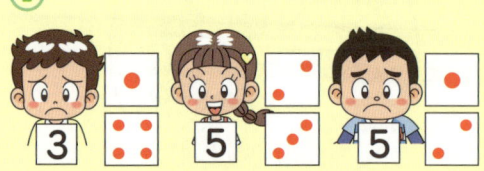

レベル★★　🔴・🔵・🟡の かさ　14・15ページ

種類の数についての問題です。少ない種類数から考えを進めていきましょう。

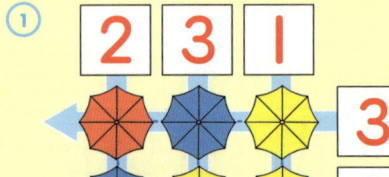

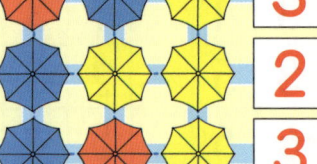

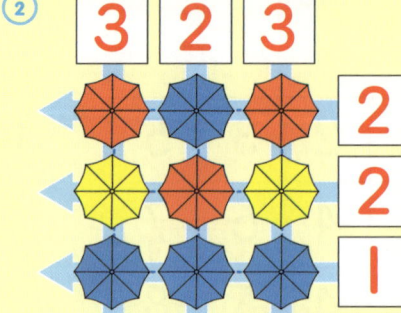

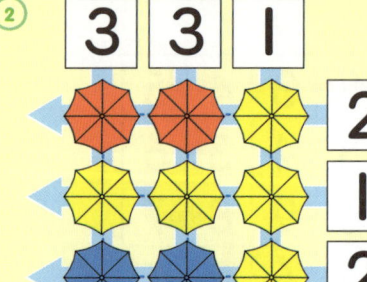

きらめき算数脳 入学準備〜小学1年生 かず・りょう　解答

レベル ★　キャンデーを　わけよう　16・17ページ

分け方を考える問題です。1人分のキャンデーの個数から、その内訳として考えられる場合を調べていきます。

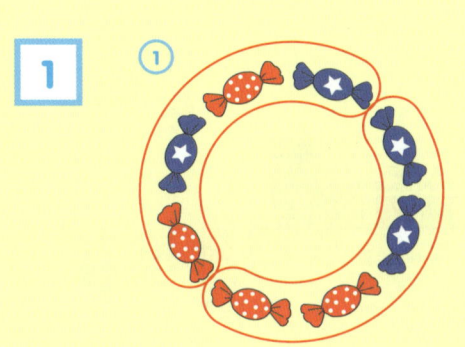

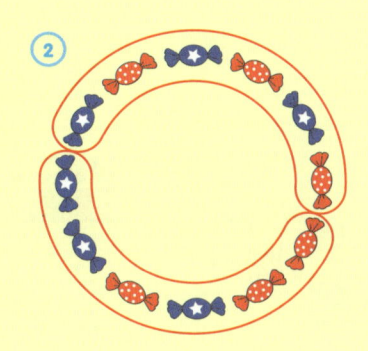

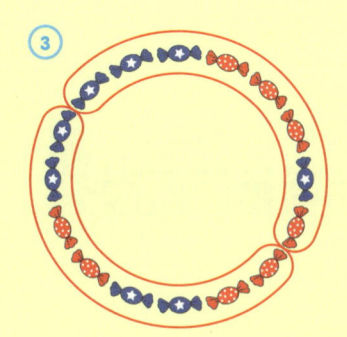

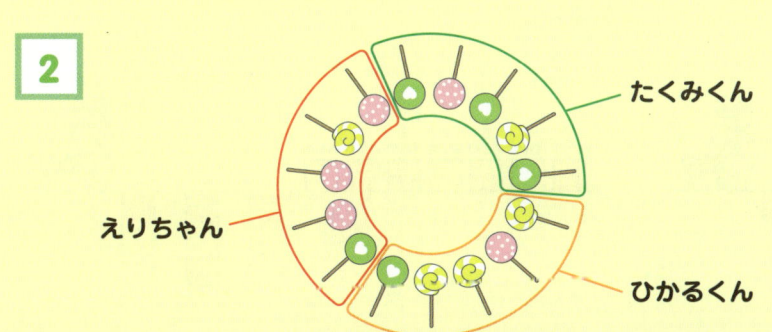

1

2
- たくみくん
- えりちゃん
- ひかるくん

レベル ★　いちごつみ　めいろ　18・19ページ

スタートからゴールまでの道順を、ひとつひとつていねいに調べていきましょう。

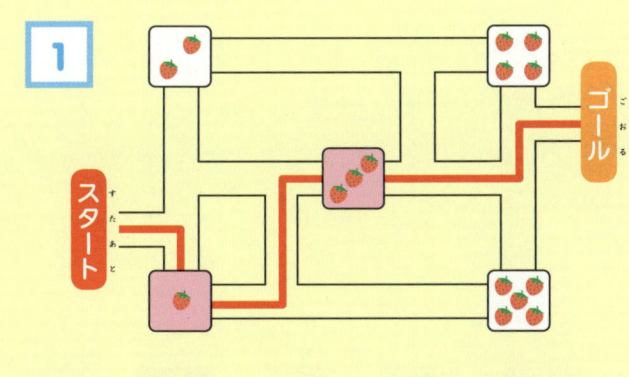

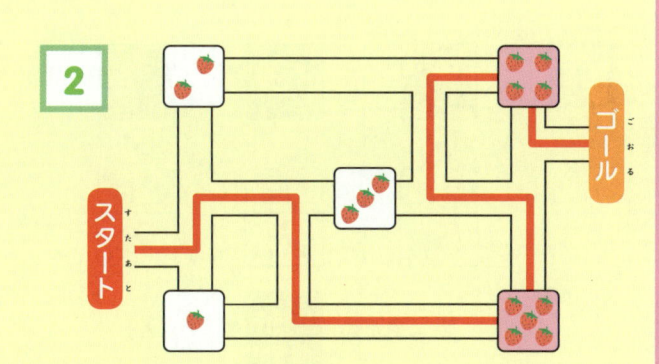

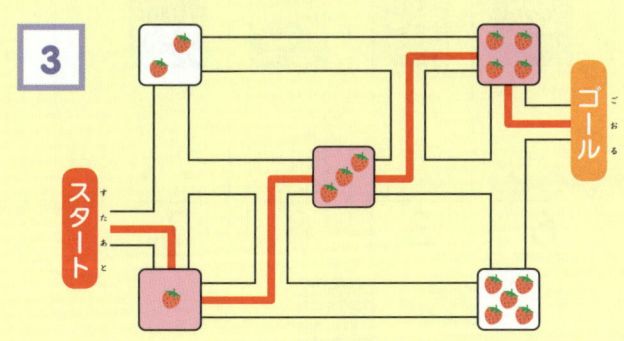

1

2

3

きらめき算数脳 入学準備〜小学1年生 かず・りょう 解答

レベル ★ あなを うめて すすもう　20・21ページ

順序を考える問題です。あなの中のブロックは、下のものほど先に入れたブロックであることに注意しましょう。

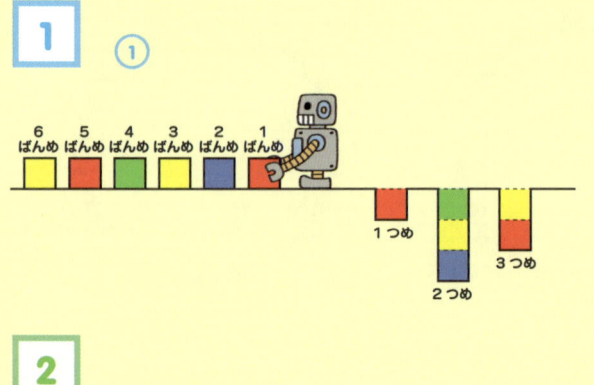

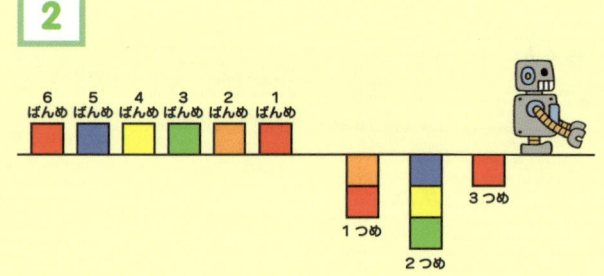

レベル ★ なつやすみの けいかく　22・23ページ

数の合成・分解の問題です。考えやすいところから考えを進めていきましょう。

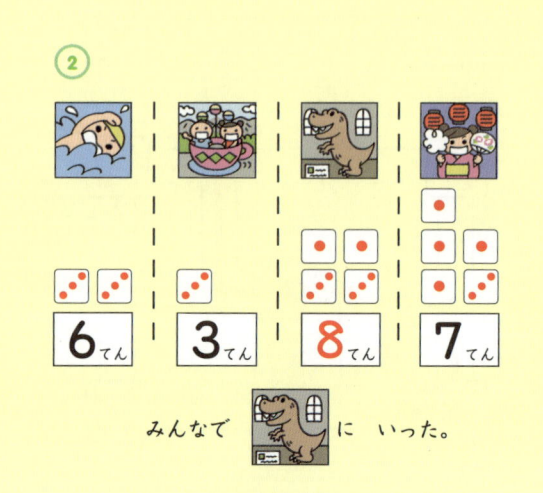

1　5てん　2てん　9てん

みんなで 🪲 を やった。

2　① 10てん　4てん　2てん

みんなで ☔ に いった。

② 6てん　3てん　8てん　7てん

みんなで 🦖 に いった。

きらめき算数脳 入学準備〜小学1年生 かず・りょう　解答

レベル★★　きんぎょすくい　たいかい　　24・25ページ

数の分け方を考える問題です。順位によって大小関係もあわせて考えることになります。

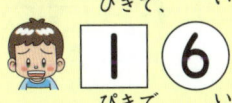

1 ①
- 3びきで、2い
- 1ぴきで、3い
- 6ぴきで、1い

②
- 3びきで、3い
- 5ひきで、1い
- 4ひきで、2い

2 ①
- 4ひきで、1い
- 2ひきで、2い
- 1ぴきで、3い

②
- 5ひきで、1い
- 3ひきで、2い
- 2ひきで、3い

3
- 7ひきで、1い
- 3ひきで、4い
- 1ぴきで、6い
- 5ひきで、2い
- 4ひきで、3い
- 2ひきで、5い

レベル★★　くしざし　パズル　　26・27ページ

数の合成・分解に関するパズルです。試行錯誤の経験が、数の合成・分解のセンスをみがいていきます。

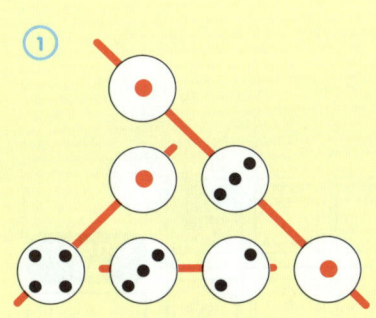

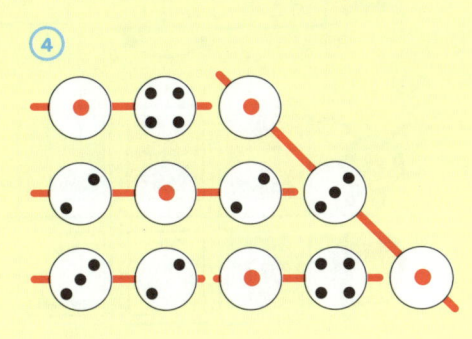

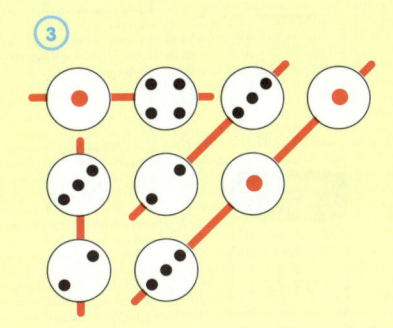

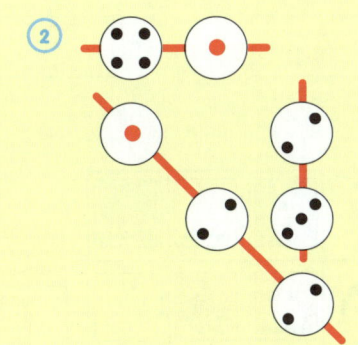

きらめき算数脳 入学準備〜小学1年生 かず・りょう 解答

かずあわせ ゲーム   28・29ページ

カードゲームを題材にした問題です。こうしたゲームのルールを考えてみて、家族で遊んでみるのもよいでしょう。

くだもの あわせ   30・31ページ

条件に合う組み合わせを見つける問題です。2では、もしこれを入れ替えると…と仮定して考えます。

1 ① 4こ ② 3こ

きらめき算数脳 入学準備〜小学1年生 かず・りょう 解答

レベル ★★★ なげなわ ゲーム　　32・33ページ

数の合成に関する問題です。3 はかなり難しく感じられるでしょう。粘り強く取り組んでください。

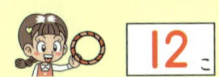

1　5こ　／　10こ　／　12こ

2　3こ ③　／　4こ ②　／　6こ ①

3　4こ　／　4こ　／　4こ

レベル ★★ くりひろい めいろ　　34・35ページ

通った数の合計を考えていきますが、通らない数の合計に注目すると、ちがった見方ができるでしょう。

1　① 11こ　　② 10こ

2

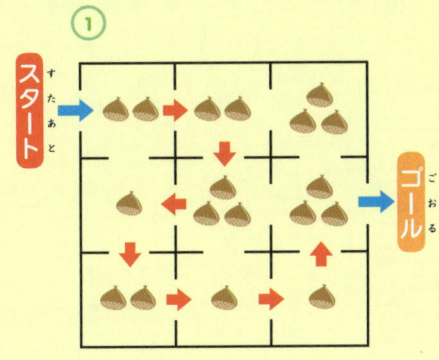

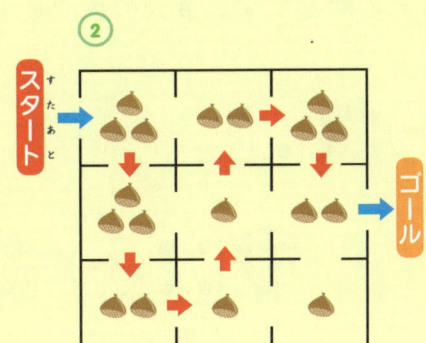

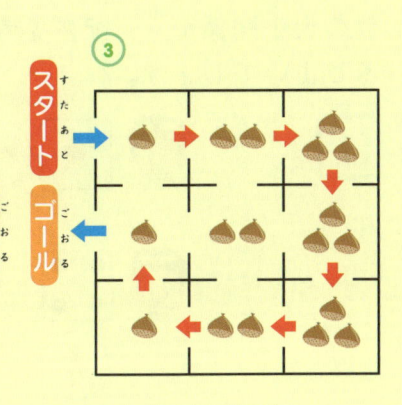

きらめき算数脳 入学準備〜小学1年生 かず・りょう　解答

レベル★★　たまいれ ゲーム　36・37ページ

数の合成に関する問題です。「あめの数が同じときは、ボールの数が多いほうが上の順位になる」ルールがしっかり理解できているかがポイントになります。

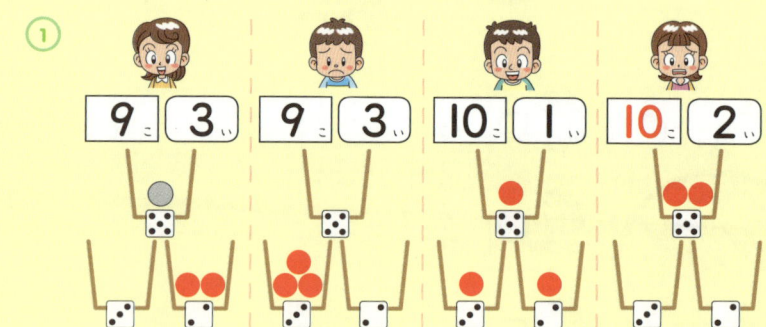

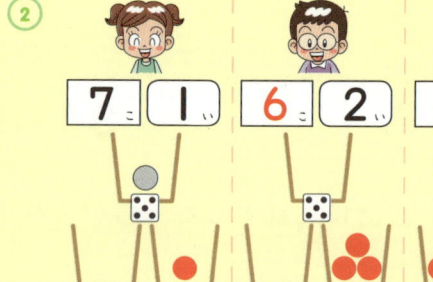

1

| 5　3 | 5　2 | 7　1 |

2

① 9　3 ／ 9　3 ／ 10　1 ／ 10　2

② 7　1 ／ 6　2 ／ 6　3 ／ 4　4

レベル★★　なんこ たべた？　38・39ページ

数の大小関係から、配置を考える問題です。最大の数や最小の数がどこなのかが考えられるとよいでしょう。

1

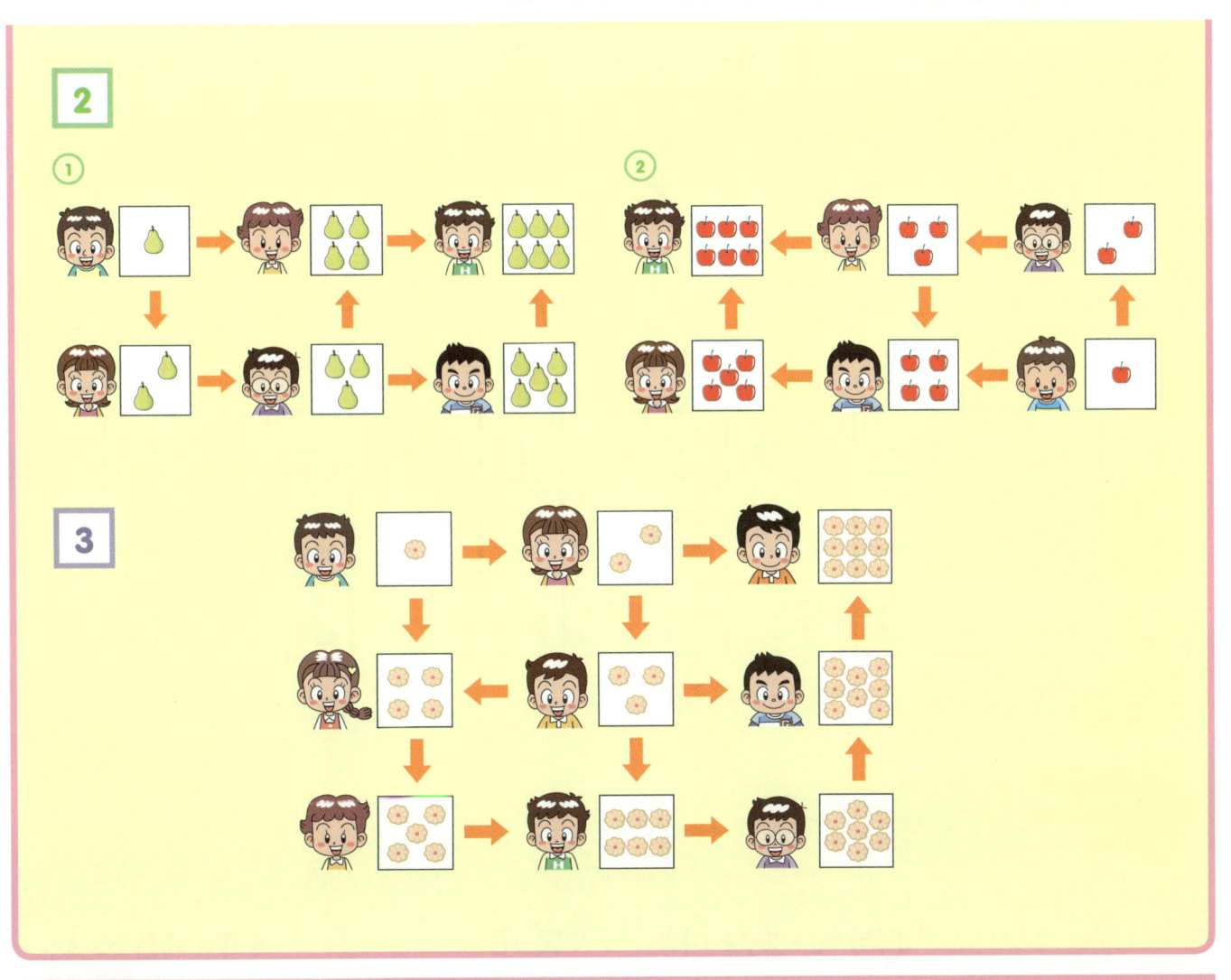

きらめき算数脳 入学準備〜小学1年生 かず・りょう 解答

2

①

②

3

| レベル ★ | あわせて 5！ | 40・41ページ |

数の合成に関する問題です。2では、理由をお子様にたずねてみるのもよいでしょう。

1

① げんちゃん の かち

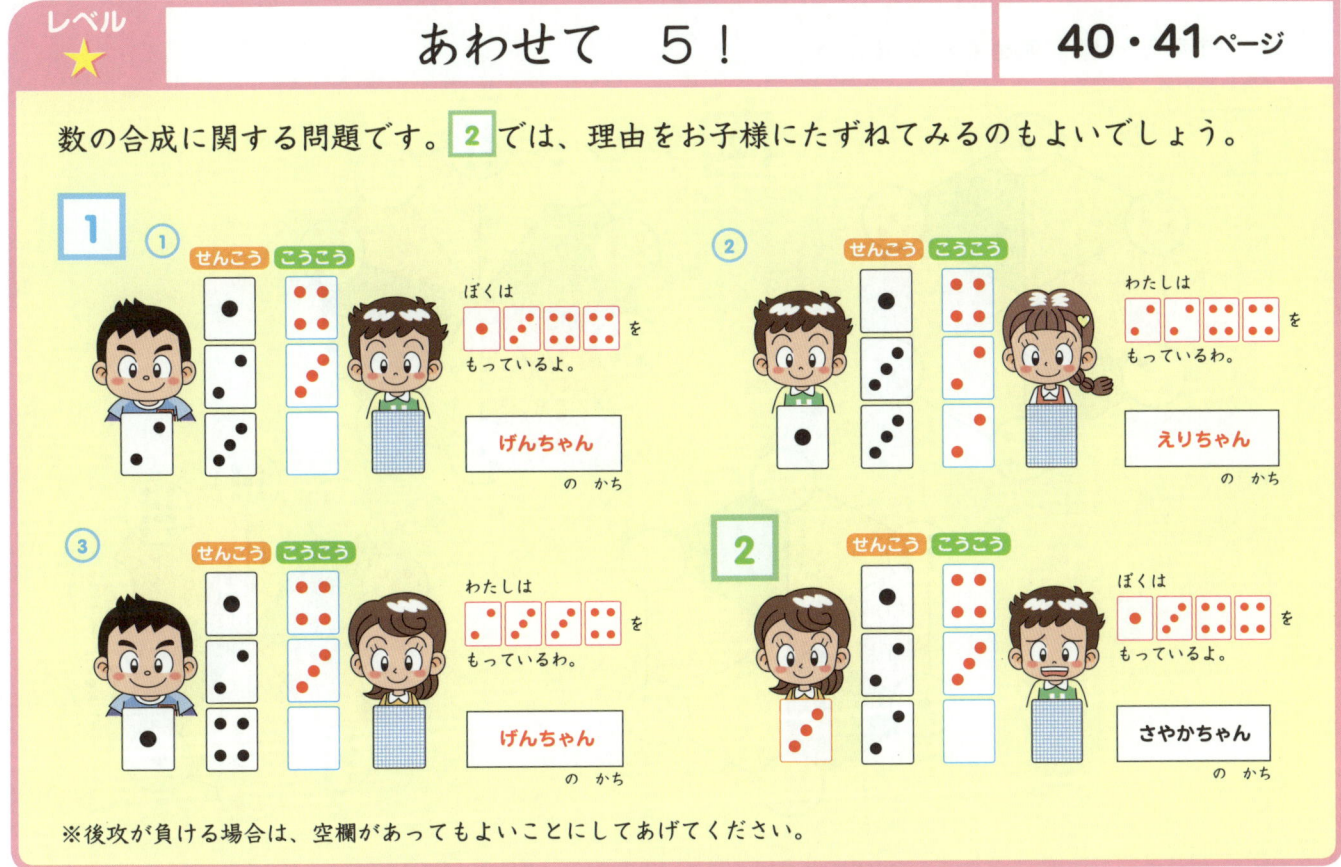

② えりちゃん の かち

③ げんちゃん の かち

2 さやかちゃん の かち

※後攻が負ける場合は、空欄があってもよいことにしてあげてください。

きらめき算数脳 入学準備〜小学1年生 かず・りょう　解答

りんごを いれよう

レベル ★★　　42・43ページ

条件を整理して、試行錯誤を繰り返しながら、当てはまる数を見つけ出していきましょう。
思考力と数のセンスを養うことができます。

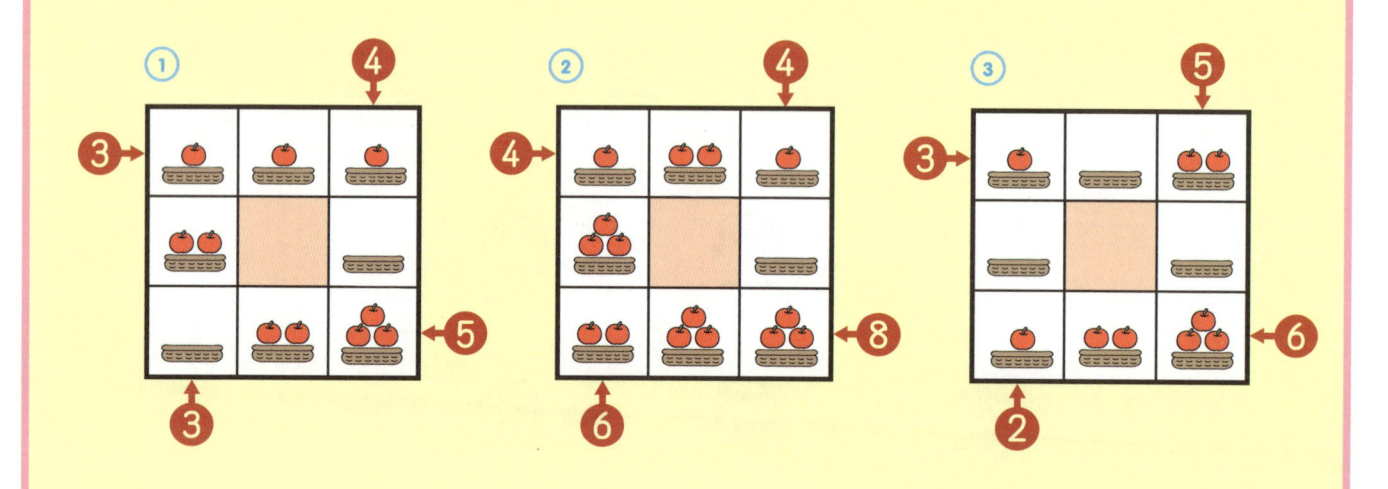

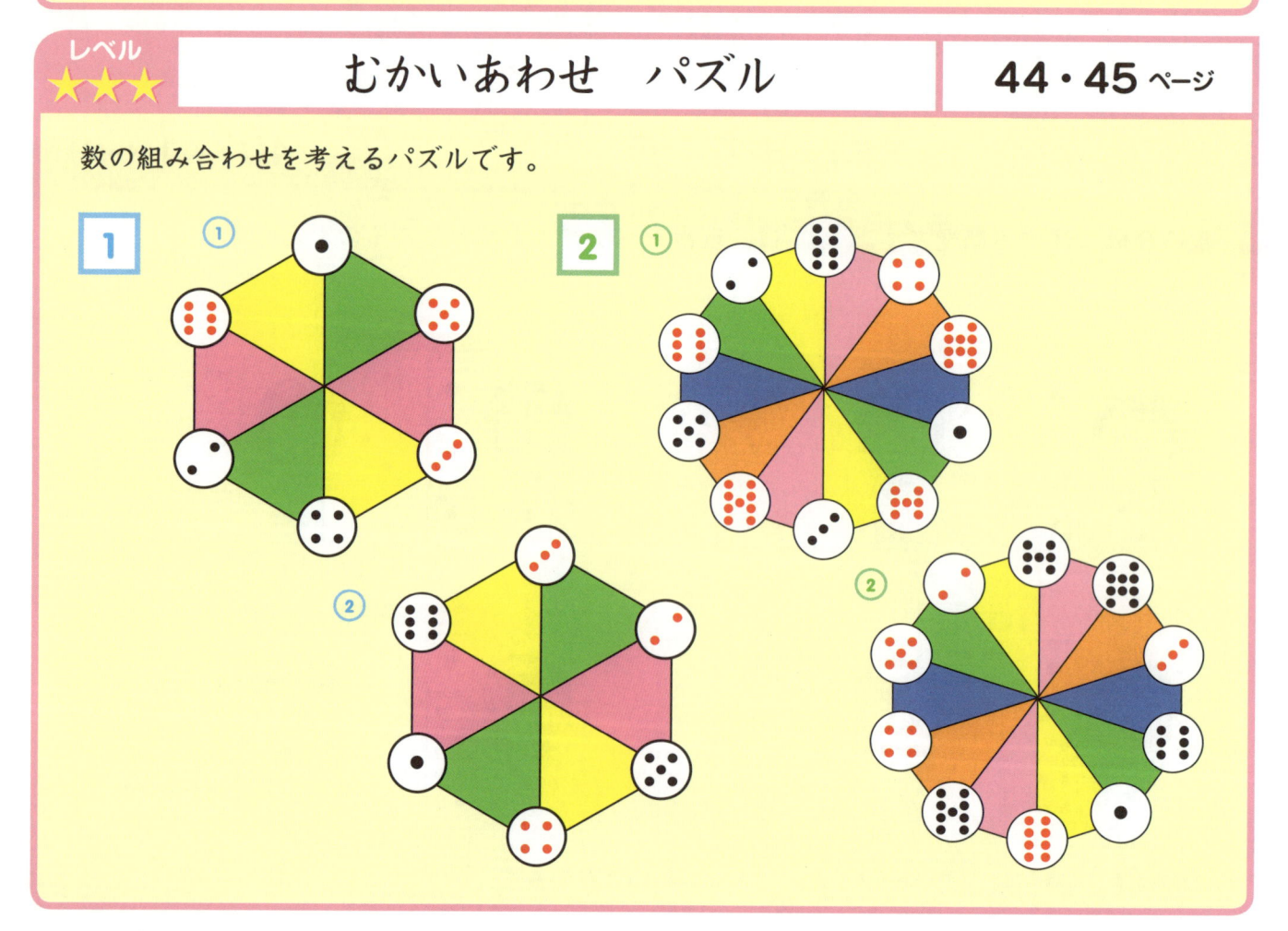

1

むかいあわせ パズル

レベル ★★★　　44・45ページ

数の組み合わせを考えるパズルです。

きらめき算数脳 入学準備〜小学1年生 かず・りょう | 解答

レベル ★★ おしょうがつ すごろく　46・47ページ

すごろくを題材にした、数を考える問題です。

1
① 1かいめ：●●●● → 13　2かいめ：●●●●● → 4 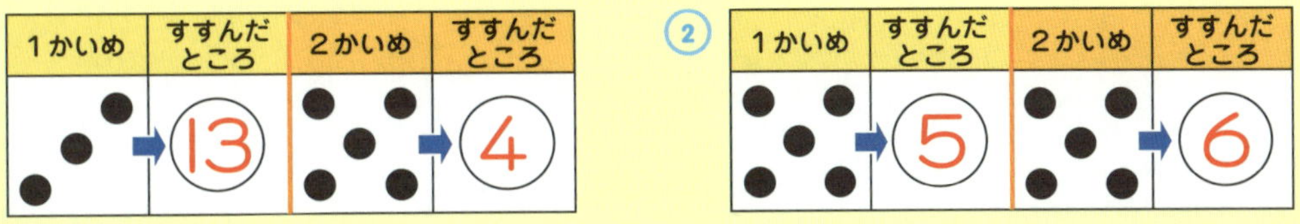
② 1かいめ：●●●●● → 5　2かいめ：●●● → 6

2
（省略：各キャラクターのマス目に黒丸・赤丸で答えが示されている）

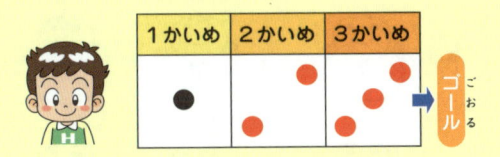

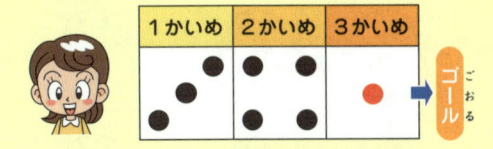

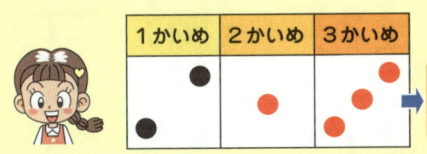

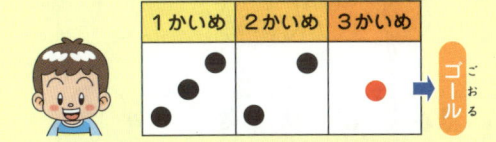

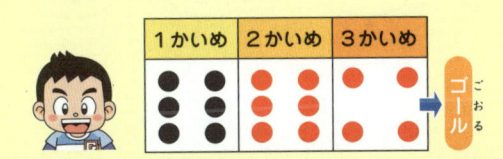

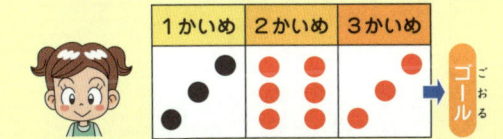

レベル ★★ へいたい ならべ！　48・49ページ

条件を整理して、当てはまる並べ方を考える問題です。やみくもに並べてみるのではなく、「○番目は必ず△だ」というところを見つけてみましょう。

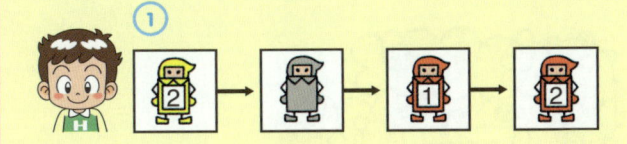

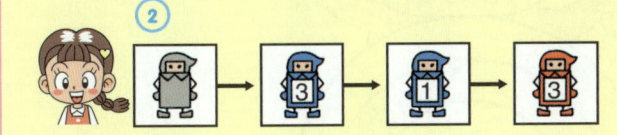

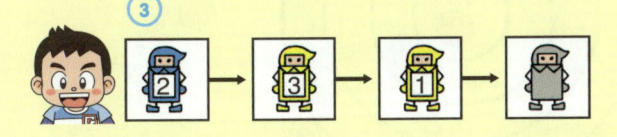

1
① 2 → (灰) → 1 → 2
② (灰) → 3 → 1 → 3
③ 2 → 3 → 1 → (灰)

2
① 2 → 1 → (灰) → 3　○
② (灰) → 1 → 3 → □　×
③ 3 → 1 → 2 → (灰)　○

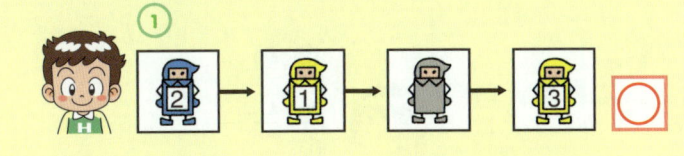

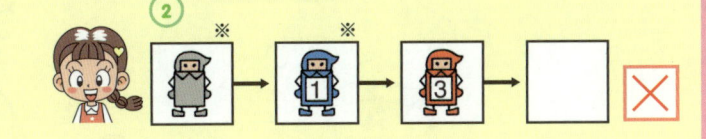

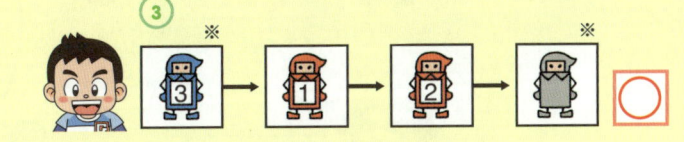

2 ※印は入れ替わってもかまいません。②は命令どおりに並べないので、上記どおりでなくてもかまいません。

きらめき算数脳 入学準備〜小学1年生 かず・りょう 解答

レベル★ ゆきだるま めいろ　　50・51ページ

数字めいろです。正しい進み方を見つけるまで、あきらめずに何度もトライしましょう。

1

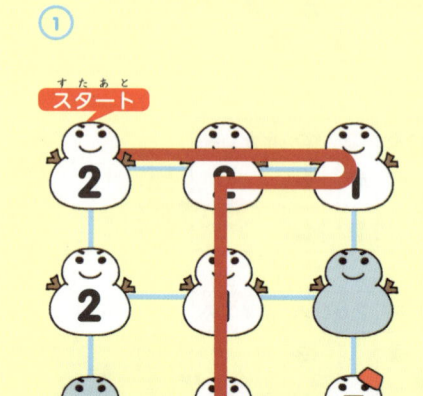

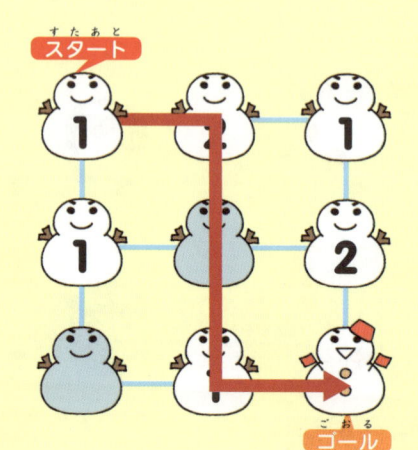

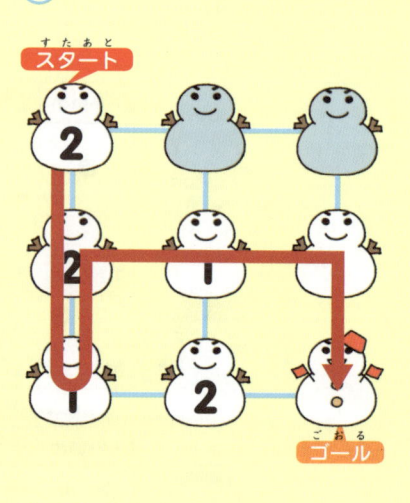

レベル★★ おに たいじ　　52・53ページ

的当てゲームを題材にした計算パズルです。2は、与えられた条件から、的のどの部分に当たったのかを考えていきます。

1　4てん　　5てん　　6てん

2　5てん　　5てん　　5てん

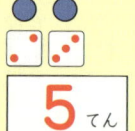

きらめき算数脳 入学準備〜小学1年生 かず・りょう 解答

レベル★★★ きらきら おほしさま　54・55ページ

ゲームを題材にした問題です。3・4は、いくつかの星の位置がわかっています。
あめの数に合うように残りの星の位置を考えましょう。

1 6こ

2 ① 3こ　② 8こ

3

4  7こ 　6こ

レベル★★ おおきさ くらべ　56・57ページ

数の大小関係を考えるパズルです。算数では、わからないところは後まわしにして、わかるところから決めていくことが重要です。思考がつながっていく過程を楽しんでください。

1 ① ② 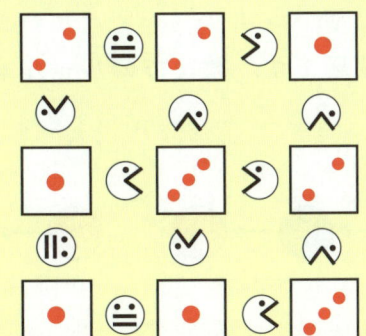 ③

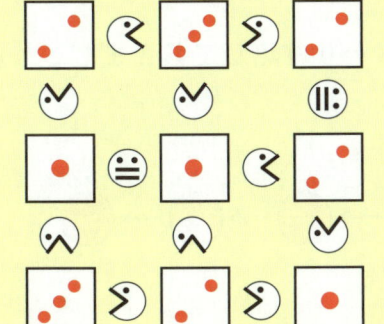

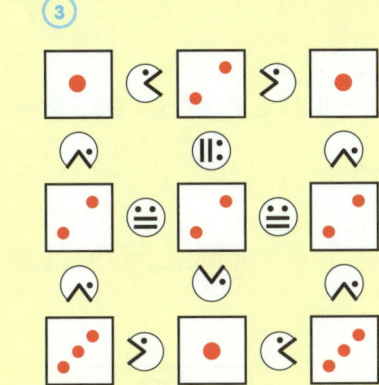

はちのす　めいろ　　58・59ページ

レベル ★★★

数字をたどるめいろです。1つしかない数字は必ず通るので○を、通らないとわかる数字には×をつけていくと、考えやすいでしょう。

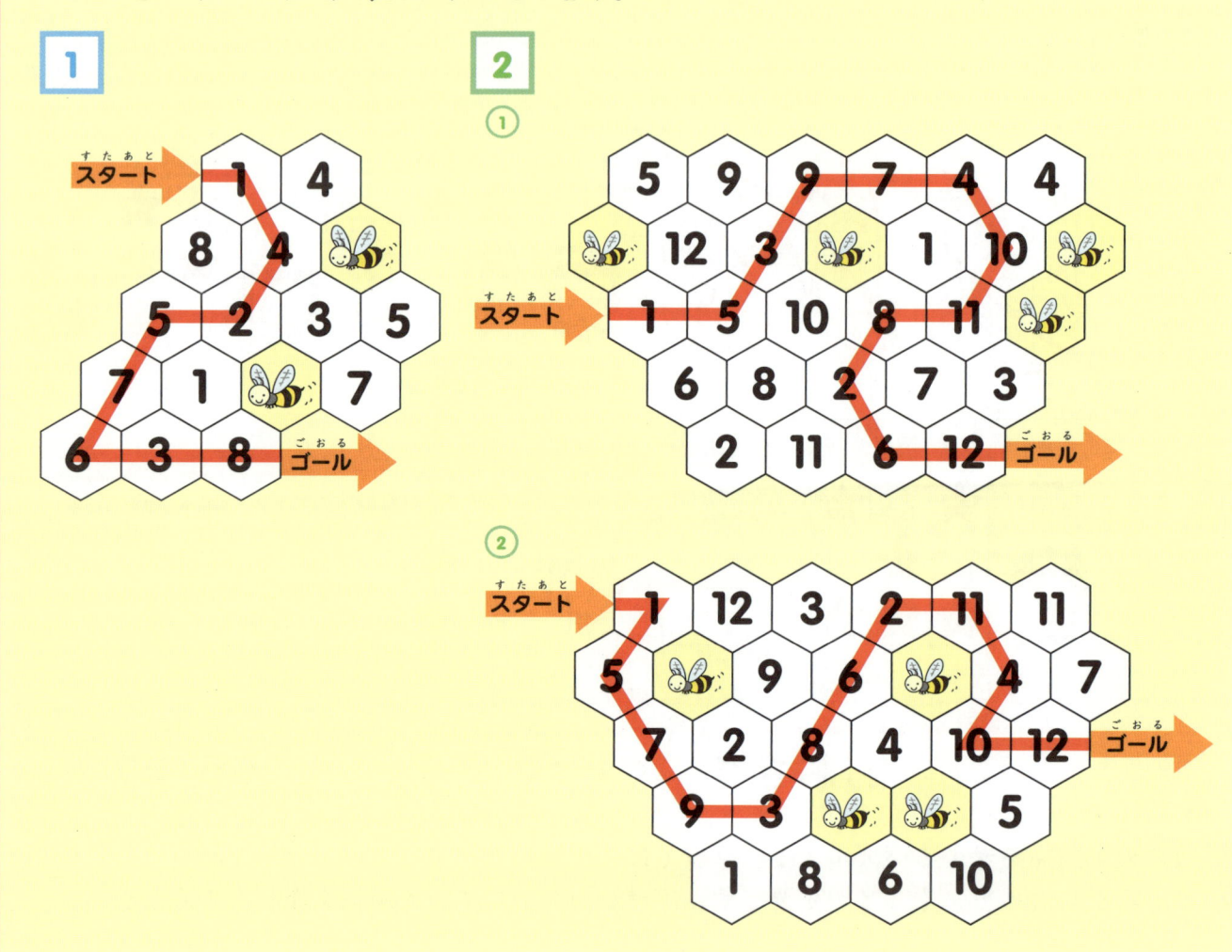

1

2
①
②

グルグル　まわれ　　60・61ページ

レベル ★

ルールにしたがって数を数える問題です。数え方のルールをしっかり確認しておきましょう。

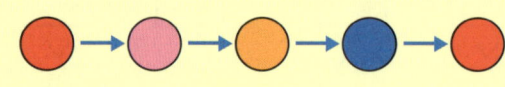

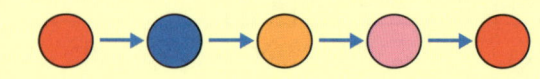

1
①
②

2
えりちゃん

かずいれ パズル

レベル ★★

62・63ページ

数字の配置を考えるパズルです。♡が少ない列から考えていきましょう。

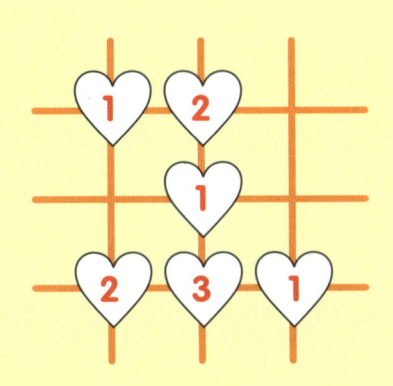

1

①
	1	2	
		1	
2	3	1	

②
		1	3	2
	2		1	
			2	1
	1	2		3

③
	1				
	2			1	
	3		1	2	
		2	1		
	1	2		3	

主婦と生活社

別冊解答・解説は取りはずしてお使いください
※注意　別冊解答・解説は、本体とのりづけされている部分がありますので、ていねいにはずしてお使いください。

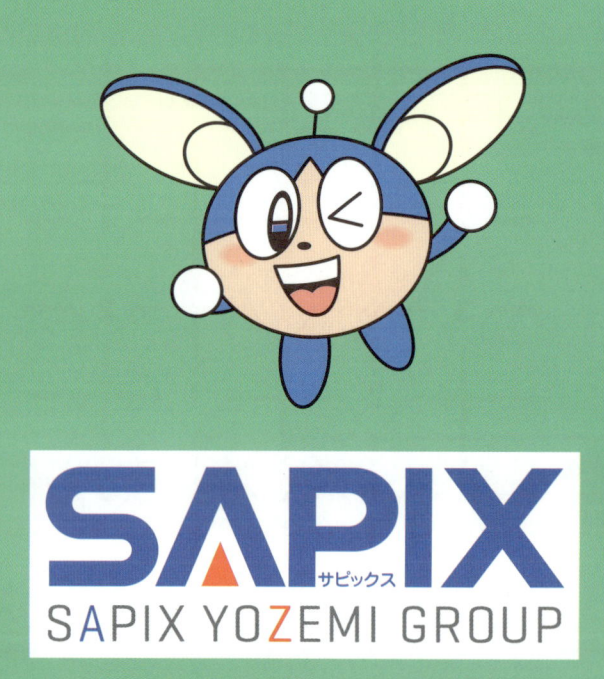

SAPIX
サピックス
SAPIX YOZEMI GROUP